全国职业教育无人机专业"十四五"规划教材
全国职业教育无人机领域精品教材
总主编　戴伟军

无人机综合应用

主　编　张胜逊　戴伟军
副主编　夏明志　曹　敏
参　编　纪九洲　张悦涵　何　宇

华中科技大学出版社
中国·武汉

内 容 简 介

本书按照中等职业教育教学大纲进行编写,共六章,分别介绍了无人机应用概述、无人机在农业植保中的应用、无人机在电力方面的应用、无人机航拍技术、无人机安防、无人机相关政策与机构。

本书力求内容全面、通俗易懂、图文并茂,可作为中等职业院校无人机专业授课教材,也可以作为无人机相关行业人员及广大航空爱好者的业务参考书。

图书在版编目(CIP)数据

无人机综合应用/张胜逊,戴伟军主编.—武汉:华中科技大学出版社,2020.7(2025.1 重印)

全国职业教育无人机专业"十四五"规划教材

全国职业教育无人机领域精品教材

ISBN 978-7-5680-6140-7

Ⅰ.①无… Ⅱ.①张… ②戴… Ⅲ.①无人驾驶飞机-职业教育-教材 Ⅳ.①V279

中国版本图书馆 CIP 数据核字(2020)第 105780 号

无人机综合应用
Wurenji Zonghe Yingyong

张胜逊 戴伟军 主编

策划编辑:余伯仲
责任编辑:吴 晗
封面设计:廖亚萍
责任监印:周治超
出版发行:华中科技大学出版社(中国·武汉) 电话:(027)81321913
　　　　　武汉市东湖新技术开发区华工科技园 邮编:430223
录　排:武汉三月禾文化传播有限公司
印　刷:武汉市首壹印务有限公司
开　本:787mm×1092mm　1/16
印　张:11.5
字　数:259 千字
版　次:2025 年 1 月第 1 版第 4 次印刷
定　价:34.80 元

华中出版

序

 无人机是以新一代人工智能技术、信息通信技术与先进制造技术深度融合为基础,将人类复杂的需求经过大数据分析处理后,通过网络通信、计算机控制来实施各类飞行任务,使人类从繁杂、危险及重复性的工作中解放出来的智能航空器。无人机研发与应用自从军事领域转向民用领域后便取得了长足的发展,应用领域不断延伸拓展,在工业、农业、环保、测绘、安防、消防等诸方面成为人类不可多得的好帮手。

 习近平总书记强调:"把握全球人工智能发展态势,找准突破口和主攻方向,培养大批具有创新能力和合作精神的人工智能高端人才,是教育的重要使命。"无人机作为新时代信息技术革命的产物,在我国中等职业教育无人机相关课程的开发中相对滞后。2019 年,教育部将无人机正式列入专业目录,纳入交通运输专业大类,细分专业名称为无人机操控与维护,再分解为无人机装配、无人机修理、无人机应用、无人机操控等课程内容。专业有了,课程有了,教材不能阙如。长沙职教基地无人机校企合作办公室组织专家、学者、一线教师成立中等职业学校无人机专业教材编写委员会,在校本教材的基础上编写了这套丛书,希望能为中职无人机专业填补教材空白,为师生教与学提供一点帮助。

 这套丛书编写者主要为人工智能一线企业的具有非常丰富的无人机实际操作、组装经验和应用、研发能力的工程师和积累多年一线教学经验的中职学校教师,他们最了解企业需要什么样的技术技能人才,最了解中职学生需要什么样的教材和教法,能够在教材编写中充分考虑"供""需"两方的需要,让这套丛书可教性、可学性、可用性更强。

 这套丛书侧重于讲解中职学生能领会、能动手、能实践的知识,没有过于深奥的理论,没有复杂的计算。经过一年多的教学课堂实践,获得师生的广泛好评。

 这套丛书从一开始就注重国际化标准,延请湖南省英语名师对目录部分进行中英文同时介绍,使教材既具中国特色,又有国际色彩,为我国中等职业学校无人机教材对外交流学习奠定了良好的基础。

 是为序。

戴伟军　张胜逊

2020 年 1 月

目　　录

Contents

第 1 章

无人机应用概述

WURENJI YINGYONG GAISHU

1.1 无人机的定义与分类

1. 无人机的定义

无人机（unmanned aircraft，UA）是由控制站管理（包括远程操纵或自主飞行）的航空器，也称远程驾驶航空器（remotely piloted aircraft，RPA）。

无人机系统（unmanned aircraft system，UAS），也称远程驾驶航空器系统（remotely piloted aircraft systems，RPAS），是指由无人机、相关的控制站、所需的指令与控制数据链路，以及批准的型号设计规定的任何其他部件组成的系统。

2. 无人机的分类

无人机可从飞行平台构架、用途、机身尺寸、活动半径、任务高度等几方面进行分类。对无人机进行分类，可使无人机的使用变得更加合理规范。

按飞行平台构架分类，无人机可分为固定翼无人机、旋翼无人机、无人飞艇、伞翼无人机、扑翼机等，飞行平台不同，其相应的工作原理也不同。

按用途分类，无人机可分为军用无人机和民用无人机。军用无人机可分为侦查无人机、诱饵无人机、电子对抗无人机、无人战斗机等；民用无人机可分为巡察无人机、农用无人机、气象无人机、勘探无人机以及测绘无人机等。

按照中国民航局的规定，无人机按机身重量的分类如表 1-1 所示。

表 1-1 无人机的分类

分类	空机重量/kg	起飞全重/kg
I	$0 < W \leqslant 1.5$	
II	$1.5 < W \leqslant 4$	$1.5 < W \leqslant 7$
III	$4 < W \leqslant 15$	$7 < W \leqslant 25$
IV	$15 < W \leqslant 116$	$25 < W \leqslant 150$
V	植保类无人机	
VI	无人飞艇	
VII	超视距运行的 I、II 类无人机	
XI	$116 < W \leqslant 5700$	$150 < W \leqslant 5700$
XII	$W > 5700$	

按活动半径分类，无人机可分为超近程无人机、近程无人机、短程无人机、中程无人机和远程无人机。超近程无人机活动半径在 15 km 以内，近程无人机活动半径在 15～50 km 之间，短程无人机活动半径在 50～200 km 之间，中程无人机活动半径在 200～800 km 之间，远程无人机活动半径大于 800 km。

　　按任务高度分类,无人机可以分为超低空无人机、低空无人机、中空无人机、高空无人机和超高空无人机。超低空无人机任务高度一般在 0～100 m 之间,低空无人机任务高度一般在 100～1000 m 之间,中空无人机任务高度一般在 1000～7000 m 之间,高空无人机任务高度一般在 7000～18000 m 之间,超高空无人机任务高度一般大于 18000 m。

1.2　无人机的应用

1.2.1　微型无人机的应用

　　微型无人机是无人机中的最轻量级的机型。依照中国民用航空局《无人驾驶航空器飞行管理暂行条例》的规定,微型无人机,是指空机重量小于 0.25 kg,设计性能同时满足飞行真高不超过 50 m、最大飞行速度不超过 40 km/h、无线电发射设备符合微功率短距离无线电发射设备技术要求的遥控驾驶航空器。而对于军事领域,微型无人机通常特指机体尺寸小于 15 cm 的无人机。图 1-1 所示为仿昆虫微型无人机。

图 1-1　仿昆虫微型无人机

　　对广大消费者而言,微型无人机就好比一个飘浮的三脚架,能携带相机从空中拍摄照片和视频。这种无人机操作方便,可以像扔纸飞机或者飞盘那样把它扔出去,无人机内的感应器能够让它马上调整到水平的飞行位置,然后就可以用控制设备指挥它的飞行路线和范围。

　　微型无人机可以完成许多有意思的事情。微型无人机能够通过运动预测软件和传感器确定自己的行进路线,同时具备 360° 全景和跟踪模式,从而可以在空中跟随用户进行拍摄,让使用者轻松地完成全方位的自拍;除了获得从空中俯视的普通照片外,微型无人机还可以飞到人难以到达的地方替用户拍摄特殊的照片,如飞抵火山口上方,拍摄火山熔岩喷涌奔腾的壮观场景。

在户外旅游探险时，微型无人机可以扮演向导的角色，为我们探察路线，避免危险，如图1-2所示。如果我们要去野外观察动物，往往要小心翼翼地靠近它们，而且距离不能太近，否则可能吓跑它们，而微型无人机可以近距离拍摄野生动物，而且获得的画面比望远镜更清晰。当然，用户也可以用微型无人机来监视家里的宠物，观察它们在室内、室外的活动，还可防止它们在室外走失。

图1-2　户外旅游探险

体积小、重量轻的微型无人机在视觉、噪声和雷达反射截面等多方面有很强的隐形效果，在军事上有广泛的用途。军事用途的微型无人直升机如图1-3所示。它可进行侦察、探测、目标指示、通信中继、武器发射，甚至可以对大型建筑物及军事设施的内部进行监视。它特别适合于在城市作战中使用，如在城市街巷作战中，这种无人机能在楼宇间、房顶上、窗台上侦察隐蔽在街角或房间内的袭击者，从而为在街区执行任务的士兵预警，避免士兵遭袭伤亡。在未来作战设想中，微型无人机能够像昆虫一样栖息在某个角落，将周围环境的画面和声音传回千米之外的控制台。士兵可通过手掌上的显示器，察看山后或建筑物中的敌人。如果装上电子鼻，微型无人机就可以根据气味跟踪某目标，甚至直接发动攻击。

图1-3　军事用途的微型无人直升机

1.2.2　小型无人机的应用

依据中国民航局《无人驾驶航空器飞行管理暂行条例》的规定,小型无人机是指空机重量不超过 15 kg 或者最大起飞重量不超过 25 kg 的无人机,但不包括微型、轻型无人机。近年,小型无人机在警用安防领域的地位逐年提升,尤其在交通管理、消防救援、违建查处等领域的优势更为明显。

图 1-4 所示为一种警用安防无人机。在交通管理中,无人机不仅可以航拍事故现场,实现画面还原,还可以疏通道路、快速排堵,更能进行流量统计、优化交通管理。一旦发生交通事故,无人机可以捕捉直观画面,帮助交管部门掌握涉事车辆的最后位置,快速还原交通事故发生时的场景,为事故责任认定提供数据支持。

图 1-4　警用安防无人机

同时,利用小型无人机送货可能是未来常见的一种场景,如图 1-5 所示。在对未来配送服务的规划中,采用无人机运输,有望在线上下单后 30 min 内完成配送工作,这样的速度显然是人工快递无法匹敌的。目前,无人机快递已在一些地方开展试运行,并广受消费者的好评。

小型无人机在农业植保方面的作用也越来越明显,农业植保体力繁重,劳动强度大,而无人机可代替人工进行植保作业,减轻农民的劳动强度。现在植保多用旋翼式无人机重量轻、体积小、机动性好,不需要专业跑道,可在草坪和平地随时起降,非常适合复杂地形中的农作物农药喷雾作业,如图 1-6 所示。并且在无人机农业作业中,其飞行速度、与农作物距离、喷洒高度等都可以根据农作物的需要进行灵活调整,以获取最佳的作业效果。使用红外线技术的无人机同时还能查看农作物是否正常生长。对于大型农场,无人机的用途非常广泛。

图 1-5　无人机运送快递包裹

图 1-6　多旋翼无人机喷洒作业

电力巡线的有关作业现在也开始使用无人机,如图 1-7 所示。输电线路设备大多暴露在野外环境中,且气象条件复杂,现场环境多变,导线、避雷线、绝缘子、金属器具在长时间运行后,由于受到各种力的长期作用,可能发生断股、锈蚀、过热等情况。过去依靠人工逐基杆塔巡视的作业方法工作量大,而且复杂的地理环境会给巡视人员带来未知的安全风险,这种落后的人工巡检方式消耗了大量的人力和资源,使得更多深入的工作无法有效展开。使用无线电遥控设备或自身程序控制装置进行操纵的无人机,因其可携带可见光、红外热成像和紫外线成像等设备,可对输电线路进行高精度检测。高精度的无人机还能进行定点悬停检测,既克服了地面巡线班组距离太远和观测视角太小的难题,也解决了有人直升机巡线的费用高、安全性差、精度低等问题。

图 1-7　无人机电力巡线

　　小型无人机还可应用于国土资源勘察如矿产资源的调查中。如国家海洋局和国家测绘局就利用小型无人机完成了地表水及浅层地下水资源探察、地质灾害预警、自然灾害和生态环境评价报告等工作。在城市调查、重点工程选址选线、土地资源监测调查工程、矿产资源评价工程等有关工作中，小型无人机也发挥了重要作用。

1.2.3　大中型无人机的应用

　　依据中国民航局《无人驾驶航空器飞行管理暂行条例》的规定，中型无人机是指最大起飞重量超过 25 kg 但不超过 150 kg、空机重量超过 15 kg 的无人机，而大型无人机是指最大起飞重量超过 150 kg 的无人机。

1. 军事领域

　　大中型无人机是目前技术水平最高的一类无人机，其价格极为昂贵，目前主要用于军事，即用于战略战役级侦察监视。它具有以下突出优点：

　　（1）飞得高，看得远。一般飞行高度可达 5 km 以上，部分机型可达到 20 km，对地观测距离大于 200 km。

　　（2）飞得久。长航时是大中型无人机的突出特点。一般长航时无人机续航时间可达 24 h 以上，也可昼夜不停地对热点地区实施侦察与监视。

　　（3）飞得快。采用涡轮喷气发动机作为动力的大型无人机飞行速度可以达到高亚声速，在不久的将来，超声速无人机也会出现。

　　（4）载荷大。可以搭载多种传感器，同时采用各种侦察手段，且侦察的准确性和可靠性高；还可以加挂武器，直接实施对地打击。

在长航时侦察无人机上加装武器,就可成为侦察打击一体化无人机。在战时,侦察打击一体化无人机可长时间在目标区域上空巡逻、监视,一旦发现要打击的目标就立刻发射武器予以摧毁。这种"发现即摧毁"的作战形式大大缩短了反应时间,提升了作战速度,加强了作战效果,甚至改变了作战思路,这种改变可被视为无人机推动的一场军事革命。

2. 民用领域

当然,大中型无人机的上述特点,使得它在民用领域也大有可为。作为一个"会飞的传感器",无人机未来在民用领域最具想象空间的应用可能是作为空中的数据端口,为连接全球的工业 4.0 大数据系统提供更精确、更强大的数据流。

在未来,无人机可以实现通过模拟 WiFi 热点,嗅探移动设备的 MAC 地址,并根据信号的强度对设备进行三角定位。将搜集的信息汇总起来则可以绘制出用户的运动地图,以及呈现出用户通常会路过的街区、商店等,进而有条件地对用户进行筛选,向潜在消费者推送优惠促销信息。这项技术和商场、超市中常用的室内移动设备定位技术如 iBeacon 有些许类似的地方,即均可以在用户经过时推送促销信息等。不同之处在于无人机更加灵活,可以在更加复杂的地理条件下对用户进行定位。通过对个人运动轨迹的跟踪,可以更全面地把握人群的生活习惯,为厂商提供更精确的参考数据,提供智能化的销售方式。此外,在紧急情况下,也可以通过定位移动设备来判断受困者的位置,从而有利于对受困者实施救援。

目前,全球仍有将近 40 亿的人口未接通互联网,如何解决互联网接入问题,如 WiFi 的网络部署,已成为当前人类十大急需解决的难题之一。而无人机的能耗较低,可飞行时间较长,可以为更大范围内的用户提供互联网接入服务。同时无人机具有很强的机动性,可根据某一区域内的特殊需要来提供互联网接入服务。

如 Google 收购的无人机公司 Titan Aerospace,用无人机取代高成本的近地卫星,抢占互联网覆盖市场。其目前已经研制成功并开始测试无人机 Solara 50/60(见图 1-8),它可以通过太阳能补充动能,在近地轨道持续航行 5 年而不用降落。Solara 无人机宽 50 m,可以承载 32 kg,速度达到 104 km/h,Titan Aerospace 公司表示,通过特殊设备,其高空无人机最高可提供 1 GB/s 网络接入服务。

图 1-8　谷歌无人机 Solara 50/60

另一个网络巨头 Facebook 也成立了 Connectivity Lab(连接实验室),其使命就是开发包括卫星、无人机在内的各自互联网连接技术。Facebook 已经以 2000 万美金收购另一家提供类似技术的无人机产商 Ascenta。Ascenta 的太阳能无人机一次上天可以在 20 km 高空持续飞行,滞空时间长达 1 个月。Facebook 涉足无人机主要也是为了提供网络服务。为偏远地区居民提供可用的网络服务。

3. 未来太空领域

临近太空对增强国家军事力量及和平开发外层空间的重要意义显而易见。近年来随着相关技术的发展,临近太空型飞行器已成为国内外航空航天领域研究的热点之一。

一般来说,由于高空特性对飞行时的乘员身心素质要求太高,目前临近太空飞行器以大型无人机为主。而临近太空无人机又有高低速之分,其中高速无人机以超高声速飞行器和亚轨道飞行器为代表,低速无人机以大型飞翼、太阳能无人机和临近太空飞艇为代表。

目前临近太空大型无人机(见图 1-9)的相关研发设计正如火如荼地展开,其前景十分广阔,越来越多的人关注并加入到临近太空大型无人机的设计、应用和管理的队伍中,为我国太空科研贡献自己的力量。

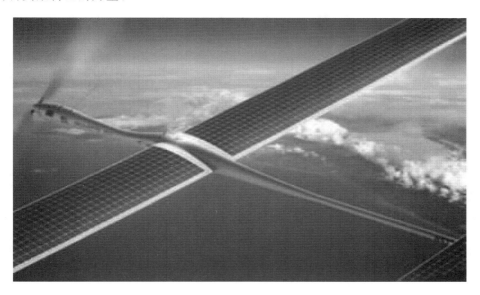

图 1-9　临近太空大型无人机

习题

1. 无人机按任务高度如何分类?
2. 大中型无人机的优点有哪些?
3. 大中型无人机的应用领域有哪些?
4. 无人机可以从哪些方面进行分类?

第 2 章

无人机在农业植保中的应用

WURENJI ZAI NONGYE ZHIBAO ZHONG DE YINGYONG

2.1　农　业　植　保

2.1.1　农业植保概述

农业植保,顾名思义就是指在农业方面的植物保护工作,其任务是通过人为作用,将植物在生长过程中的不利影响降低到最小。农业植保涉及的具体学科包括农业生物科学、农业生态科学、农业病虫草鼠生物学等;其涉及的基本技能包括植物保护科学的基本理论、基本知识和基本技能,农业病虫草鼠致害方面的基本知识,各类病虫草鼠致害的鉴定、识别方面的基本能力,植物病虫草鼠监测和防治方面的基本能力。

植保这个概念最早是针对野外的一些珍稀植物和濒临灭绝的树种提出的。随着科学技术发展,农业经济得到了前所未有的发展。人们以破坏环境为代价,换取利益最大化,导致许多珍贵植物濒临灭亡,环境恶化,严重影响人们的正常生活和工作。加强环境保护,推行植物保护成为人们共同的愿望。在对这些珍稀植物进行保护的过程中,人们却意外发现保护珍稀植物的一些方法,甚至绝大多数的方法,适用于日常的农业生产。说到底,农业的基本作物就是一些植物,当人们开始将前期用于保护珍贵植物的方式方法用在农作物上时,发现不管是作业效率还是最后的生产效果,都远远高于人的预期。由此基于农业植保所涉及的各类学科所构建的现代农业出现雏形。

众所周知,农业是国民经济发展的关键和基础。我国一直以来是农业大国,却始终不算农业强国。在社会、经济发展加速向新时代迈进的背景下,为了让农业水平紧跟上不断前进的时代发展步伐,让现有农业摆脱小规模、分散化、粗放式的发展困境,应利用新科技助推传统农业向现代农业升级。

2.1.2　农业植保的未来发展

眼下,我国农业发展正面临着资源和需求不对称的严重问题。一方面,我国只有 18 亿亩的基本农田,却需要养活全国 14 亿的人口,这本身对我国的农业发展就提出了很高的要求。另一个方面,随着时间的推移,人口和需求不断增加,而且随着城市化进程的加快,大量的基本农田耕地被占用,大批量的务农人员由农村转向城市,但有限的土地却始终不会增长,如何利用有限的资源服务更多的人群、满足更多的需求,成为了未来我国需要思考和面对的重大难题。

在这样的社会大背景之下,业内专家一致认为,积极发展高能有效的农业植保、努力实现现代化数字农业、精准农业是解决需求问题和拓展未来农业价值的关键所在。因为借助科技手段对农业生产过程中的农作物和土地进行全面、动态、数字化的管理,能够达到降低成本、提高效率、保障质量安全、保护环境等目的,从而实现传统农业的有效转型与升级。

目前,随着以机械自动化为代表的现代化农业技术的快速普及与应用,我国农业已经初步实现了"耕、种、收"三环节的自动化和智能化,也就是说在一些大的生产环节上,现已初步实现了基本的机械化,但具体的农业生产中,决定最终产量效果的往往不是这些大型的收获环节,而是体现在细节的管理方面,所以在"管"这一环节之上目前仍有较大的发展空间。"管"这个环节现在还存在太多的人为因素的干扰,而且往往都还体现在一些细节方面,现行的一些大型的机械设备根本达不到高产量管理所要求的水平,所以这个方向将是未来现代化农业发展所要攻克的一个重要方向。在未来,我国要想实现现代化农业发展的全方位变革创新,就目前来看,可以充分利用植保无人机的一些便利条件,来突破农作物的管理瓶颈。因为对于农业管理各个环节,植保无人机毫无疑问能够发挥科技赋能的显著优势,是目前最适用于农业生产管理这个环节的现代化器械设备。植保无人机与农联网结合,能够在农作物的管理过程中贯穿应用于农药喷洒、视频监控、地图测绘等多种场景,使得农药喷洒的效率更高、更加均匀、更加安全,并使监控和测绘更加精准,从而以其小巧而精准的机械化特点,用数字化、智能化、自动化的管理方式取代传统管理方式。

目前在农业植保领域,我国无人机发展速度很快,市场空间很大。根据农业部发布的数据,2015 年我国植保无人机保有量为 2324 架,同比 2014 年增长 234％。截至 2017 年底,全国植保无人机保有量增至 14000 多架,从事航空植保的服务组织已超过 400 家,植保无人机统防统治超过 1 亿亩次。2018 年我国植保无人机保有量突破 3 万架,作业达 2.67 亿亩次。图 2-1 所示为 2014—2018 年我国植保无人机保有量及作业面积的统计图。

图 2-1　2014—2018 年我国植保无人机保有量及作业面积统计

同时,现代化农业技术的大范围普及应用,也能带动三、四、五线城市及更远乡村消费市场的发展,通过对传统农耕方式的改变解放更多农村劳动力,吸引更多农村年轻人,从而带动农村发展和创业的活力,使农村经济进一步壮大。

2.2 农业植保作业方式

2.2.1 传统植保方式

植保作为保障最终农作物产量的重要环节,对整个农业生产都有着举足轻重的影响。就目前而言,需要人工参与的植保内容包括农药喷洒、除草、施肥等,为了保障最后的作物产量,期间的每一个环节都必不可少。

当前我国在农作物生产过程中,植保过程的农药喷洒环节仍以手工、半机械化操作为主。据不完全统计,我国目前使用的农药植保机械以手动和小型机(电)动喷雾机为主,其中施药器械主要分为手动施药药械、背负式机动药械和拖拉机悬挂式植保机械等。显而易见的是,传统人工植保的农药喷洒环节,需要投入的人工劳力多、劳动强度大,而且因为要与喷洒的农药直接接触,所以施药人员中毒事件时有发生。

目前由于生态破坏严重,各种害虫的抗药性不断增强,农药用量越来越大,造成了喷洒农药的作业成本不断提高,资源有效利用率低下,导致最终作物产量和质量难以得到保障,同时带来严重的水土资源污染,以及生态系统失衡、农产品品质下降等问题,根本无法适应现代农业发展的要求。据统计,我国每年因防治不及时,造成病虫害而产生的粮食作物产量损失达 10% 以上。

图 2-2 传统农药喷洒方式

除了一些基础农药的喷洒外,在农作物的生长期进行适量施肥也非常重要。农作物的生长,离不开氮、磷、钾这三类基础营养元素,同时,为了保障农作物产量,各种微量元素也必不可少,尤其是在农作物要成熟的时候,所以人工施肥也成为农业植保的一个重要组成部分。

　　农田施肥其实是一项高技术含量的工作,施肥量和施肥配方的确定需要操作者具有作物栽培学、土壤肥料学、植物营养学和农业化学等基础知识。但目前的农业生产过程中,大多数农民缺乏相应的知识,单凭经验来施肥,不能根据土壤和农作物的实际状况合理施肥。农民在施肥过程中过于随意,往往会导致许多问题的产生,如在大面积施肥过程中会使得某些区域的施肥不均匀、受到视野影响易导致某些区域被忽略等,这些问题也会对农作物的产量造成很大的影响。在面对大面积的施肥作业时,不可避免会因劳动强度大,工作时间长,而造成浪费人工、增加生产成本等问题,这与我们现在所追求的现代化农业是不相符的。

图 2-3　传统人工施肥

2.2.2　现代化农业植保方式

　　农业现代化是指由传统农业转变为现代农业,把农业建立在现代科学的基础上,用现代科学技术和现代工业来装备农业,用现代经济科学来管理农业,创造一个高产、优质、低耗的农业生产体系和一个合理利用资源、保护环境、有较高转化率的农业生态系统,这是一个牵涉面很广,综合性很强的技术改造和经济发展的历史过程。农业现代化既是一个历史性概念,也是一个世界性概念。农业现代化的目标是建立发达的农业、建设富庶的农村和创造良好的环境。农业现代化包含从传统农业向现代农业转化的过程和手段。在这个过程中,农业逐渐用现代工业、现代科学技术和现代经济管理方法武装起来,使落后的传统农业日益转化为当代世界先进水平的农业。实现了这个转化过程的农业就称为现代化的农业。

　　有人提出,农业现代化不仅包括农业生产条件的现代化、农业生产技术的现代化和农业生产组织管理的现代化,同时也包括资源配置方式的优化,以及与之相适应的制度的优化。因此,在推进农业现代化的过程中,就要在重视"硬件"建设的同时,也要重视"软件"建设,特别是农业现代化必须与农业产业化、农村工业化相协调,与农村制度改革、农业社会化服务体系建设以及市场经济体制建设相配套。如果忽视"软件"建设,"硬件"建设将无法顺利实施,也无法发挥应有的作用。我国要实现农业的现代化,本质上是要从根本上改造传统农业,大大缩小与发达国家农业的差距,甚至在一些方面达到世界先进水平,在总体和平均水平上大体接近发达国家的水平。虽然各个国家或者地区的条件和情况各不相同,不具有完全的可比性,但是,在最基本的特征方面,应当是共同的,这也得到了国际社会的认同。

概括地说,农业现代化即用现代工业装备农业、用现代科学技术改造农业、用现代管理方法管理农业、用现代科学文化知识提高农民素质的过程,是建立高产、优质、高效农业生产体系,把农业建成具有显著经济效益、社会效益和生态效益的可持续发展的农业的过程,也是大幅度提高农业综合生产能力、不断增加农产品、有效供给和农民收入的过程,同时也能解放劳动力,提高农业生产效率。

现代化的农业生产是一个大而广泛且相对性较强的一个概念,而现代化的农业植保作为农业生产重要的组成部分,对稳定农作物的产量有着举足轻重的作用。从农作物生产过程来看,基本都需要经过几个时期,在不同的时期会有不同的病虫害对其造成影响。对于病虫害,我们首先要从根源上去了解它,然后在防治方面也应该有的放矢地进行差异化的对待。为加强农村植保工作,就必须进行有效的病虫预报以及治理工作,通过提供合理的防治方案,从根本上加强病虫防治工作,提高农作物产量。2008年,某镇防治发生的小麦病虫,当时为了及时发现每种病虫,得到病虫情报,并且将相关内容传输给农民,让农民掌握小麦病虫产生特征以及危害性,在防治过程中,有关专家进行了三十多次现场会议和二十多次技术讲座,并且还印制了专题性病虫防治手册,农民使用有利的防治措施与技术进行处理,让麦田杂草在原来的基础上减小了40%,小麦纹枯病也减小了51%,白粉病减小了44%,蚜虫减少了36%。这就充分体现出,如果在根源上对有关的病虫害进行了解并采取针对性的措施,会大大提高有关的病虫害防治工作的效果。

在对有关的病虫害有所了解后,紧接着要执行的植保工作就是针对性地进行病虫害防治工作,而在现代化农业的生产管理方式中,最能体现现代化水平的一些设备也将运用在其中。目前,全世界针对农作物病虫害所采用主要的植保方式就是进行相应的农药喷洒,而在现代化的农业中,农药的喷洒工作一般都是由无人机进行空中作业来完成。

农业植保无人机由飞行平台(固定翼、单旋翼、多旋翼)、GPS飞控、喷洒机构三部分组成,通过地面遥控或GPS飞控,来实现喷洒作业,可以喷洒药剂、播撒种子、粉剂等。由于农业植保无人机体积小、重量轻、运输方便、可垂直起降、飞行操作灵活,对于不同地域、不同地块、不同作物等具有良好的适应性,因此不管在我国北方还是南方,丘陵还是平原,大地块还是小地块,农业植保无人机都拥有广阔的应用前景。

无人机采用智能操纵方式,操作手通过地面遥控器定位对其进行实时控制,其旋翼产生的向下气流有助于增加雾流对作物的穿透性,防治效果好,同时远距离操控施药大大提高了农药喷洒的安全性。该飞行平台还能通过搭载不同的任务系统,对农业病虫害等进行实时监控,并且还可以在农村土地确权,农作物长势监控及施药、授粉、施肥作业中发挥重要作用。目前无人机在农林作业上的应用越来越多,特别是在农业植保方面的应用,农业植保无人机以其高效、快速、成本低的优势受到了广大农村集体经济组织和农户的欢迎。

相对于一些大型的固定翼飞机,植保无人机重量轻,体积小,机动性好,不需要专业跑道,在草坪和平地都能起降,非常适合复杂地形中的农作物农药喷雾作业。并且在植保无人机农业作业中,飞行速度、与农作物间的距离、喷洒高度等都可以根据农作物的情况进行灵活的调整。

喷雾药液在单位面积上覆盖密度越高,越均匀,防治效果也会越好。农业植保无人机大多为多旋翼无人机。其作业高度比较低,桨叶在旋转时会在下方的农作物上形成一个紊流区,喷洒农药时可以翻动和摇晃农作物。因此,采用超细雾状喷洒比较容易透过植物绒毛的表面形成一层农药膜,同时能将部分农药喷洒到茎叶背面,从而均匀有效地杀灭病虫害,这是目前使用人工和其他喷洒设备无法达到的喷洒效果。此外,这样做还可以减少农药飘失量,使得药液沉淀积累和药液覆盖率都优于传统喷洒方法,因此防治效果也比传统的好。采用植保无人机喷雾时,通过改变飞行高度可以适应不同作物高度。据测算,在喷洒业务量充足的前提下,采用植保无人机喷洒成本可以控制在每亩 20 元以下。而且植保无人机折旧率低,油耗量小,作业人工成本不高,还易于维修。

2.2.3　无人机植保的优势

现在无论是在国内还是在国外,植保作业的现代化机械都是无人机,无人机在进行植保作业时,与传统的人工作业方式相比,总体的优势可以体现在以下几个方面。

1. 植保无人机作业比传统喷药作业更安全

植保领域中使用无人机最多的作业就是喷洒农药。在喷洒农药的过程中,不管是人工还是机械作业,都不可避免地会与喷洒的药剂有直接的接触,而那些药剂为了达到杀虫灭菌的效果,往往会带有一定的毒性,在传统的人工喷洒作业方式中,作业人员不可避免地会有一定量的药剂摄入,这样就有可能导致中毒事件的发生。据不完全统计,喷洒农药造成的人员中毒事件每年超过了二十万起。

当我们使用无人机进行喷洒作业时,无人机代替了人工直接与喷洒的药剂接触,类似的中毒事件就不会发生。另外,携带摄像头的植保无人机还可以在农田上方进行巡查,帮助农户更准确地了解作物生长情况,从而针对性地进行农药喷洒,还能保障药剂喷洒的均匀程度。

人工喷洒农药与无人机喷洒农药分别如图 2-4 和图 2-5 所示。

2. 植保无人机作业比传统喷药作业效率更高

专业农业植保无人机与农作物的距离最低可保持在 1 m 的固定高度,规模作业能达到每小时 80～100 亩,其效率要比传统人工喷洒的效率至少高出 100 倍。

3. 无人机喷药比传统喷药方式更节省

喷药植保无人机旋翼在飞行过程中会产生向下的气流,扰动作物叶片,药液更容易渗入,采用喷雾喷洒方式至少可以节约 50% 的农药使用量,节约 90% 的用水量,从而可很大程

图 2-4　人工喷洒农药

图 2-5　无人直升机农药喷洒作业

度地降低资源成本,并能达到最佳喷药效果,也更加有效地实现了杀虫效果。

4. 无人机作业成本低、易操作

植保用无人机整体尺寸小,重量轻,折旧率低,方便携带运输,易保养,单位作业人工成本低;容易操作,操作人员一般经过 30 天左右的训练即可掌握操作要领并执行任务。

我国农业农村经济发展已朝着现代化、市场化、知识化、生态化和可持续化相互协调发展的方向进步。我国是农业大国,应用植保无人机作业具有相当大的经济和社会价值。

图 2-6　农业植保无人机作业

2.3　植保无人机的发展

无人机作为一种性能优越的空中平台,最早应用于军事领域。但随着技术发展及社会变革,特别是近些年来,世界各国在中低空空域的政策开放,无人机开始在民用领域迅速发展。为了满足现代农业植保的需求,无论是无人机的制造商还是相关的植保器械厂商,都在积极进行创新改革,使得无人机在农业植保方面的发展尤为迅速。

2.3.1　国外植保无人机的发展

飞行器在植保行业的应用始于载人航空飞行器在农药喷洒方面的应用。在 1918 年,美国首次利用载人飞机对棉花地进行农药喷洒,从而打开了航空飞行器在农用领域应用的大门,也引起了农业生产方式的变革。紧接着在 1922 年,美国将 JN-6 军用飞机进行改良,将原本用于装载军用武器的装置改成装载农药喷洒装置,然后对植物进行喷洒实验,发现无论是工作效率还是效果都非常令人满意。同年,苏联爆发了大规模的蝗虫灾害,借鉴美国使用载人飞机成功进行农业作业的经验,苏联采用飞机喷洒药物消灭了蝗灾。1949 年,美国开始研制专门用于农业的农用飞机。从此,在当时的两个超级大国不断体会到航空业对农业的积极促进作用后,全世界都开始对农用航空业进行不断地探索与研究。

受限于载人飞行器体积、作业方式、起降条件等因素的限制,以及在二战后无人机的使用越来越广泛,各个国家开始渐渐将农业航空的发展重心,由前期的载人飞机转向无人机。世界各国对植保无人机应用程度有所不同,但总的来说,农业航空技术是国家农业生产的重要组成部分,在农业生产中的应用比重也在不断地加大。

目前,在作为农业强国和科技强国的美国和日本,无人机在农业方面的应用范围非常广泛,据统计,美国无人机施药面积占其国内总施药面积的 60% 以上,日本无人机施药面积占其国内总施药面积的 45%。

日本是最早将微小型无人机用于农业生产管理的国家之一。1987 年,日本雅马哈公司生产出 20 kg 级别的喷药无人机 R-50(见图 2-7),日本因此成为世界上第一个使用农用无人机喷药的国家。日本的农业植保无人机及其配套施药技术发展比较成熟,已达到在短时间内加注汽油、补充药剂、实现傻瓜式操作的水平,施药效率很高。日本山地多、地块狭小且分散,农村劳动力短缺,人口老龄化严重,这是促进其无人机技术发展的核心驱动因素。日本植保无人机采用团队购买的方式,农业协会、各种社会团体、服务公司、政府和个人手中都持有一定数量的植保无人机。大量的植保服务公司会对无人机操作人员进行 30 天的飞行培训;保险公司为无人机提供保险服务;售后服务体系健全,当无人机出现故障后,可以到附近修理厂进行修理,若发生重大故障还可以使用备用机。鉴于以上措施,日本无人机市场占有率很高。日本无人机技术成熟,服务配套健全,值得我们借鉴和学习。

图 2-7 雅马哈公司生产的世界上第一台农业植保无人机 R-50

美国是农业航空应用技术最成熟的国家之一,经历了由有人驾驶直升机植保技术向无人机植保技术的发展过程,现已形成较完善的农林航空产业体系。

图 2-8 美国植保无人机

除日本、美国之外，俄罗斯、韩国等国家也将植保无人机广泛应用于农业。俄罗斯地广人稀，拥有数目庞大的农用机，数量高达 1.1 万架，年处理耕地面积约占总耕地面积 35% 以上。韩国于 2003 年首次引进无人直升机，用于农业航空作业，其后该国农用无人机数量以及农业航空作业面积都在逐年增加。韩国各地方农协会拥有 80% 的农用无人机，其余的则是营农组合法人或个人接受政府援助购置。

2.3.2　国内农用无人机的发展

中国的农用航空始于 20 世纪 50 年代初，运用的机型主要有 Y-5B(D)、Y-11、蓝鹰 AD200N、蜜蜂 3 型、海燕 650B 等固定翼有人驾驶机型。20 世纪 90 年代专为超轻型飞机配套设计的 3WQF 型农药喷洒设备，可广泛用于水稻、小麦、棉花等大田农作物的病虫害防治、化学除草，还用于草原灭蝗、森林害虫防治等。

1995 年由北京科源轻型飞机实业有限公司生产的蓝鹰 AD200N 型飞机主要用于农田、林带病虫害防治、卫生防疫及净化水源等，有效喷幅达 22～30 m，作业速度为 110 km/h，单日每架次作业量可达万亩，而施药量仅 0.10～0.25 千克/亩，防效达 90% 以上。1999 年由中国林业科学研究院研制的 HU2-HW1 型超低容量喷洒设备及 NT100GPS 导航系统与海燕 650B 飞机配套技术，应用在广西武鸣林区防治病虫害上，并进行了相关试验研究。

目前，中国有农林用固定翼飞机 1400 架，直升机 60 余架，植保无人机 10000 余架，使用固定翼飞机和直升机防治农林业病虫草害和施肥的面积达到 200 多万公顷。但和农用航空发达国家相比差距仍十分巨大：我国农用飞机拥有量仅占世界农用飞机总数的 0.13% 左右；农业航空作业面积占耕地面积的 1.70%；喷洒设备性能差。

自"十一五"期间国家 863 计划"新型施药技术与农用药械"项目立项开始，植保无人机的研发至今已有十多年历史，植保无人机与低空低量航空施药技术发展迅速。

2000 年，北京必威易创基科技有限公司从日本陆续进口了 6 架日本雅马哈 R-50 型植保无人机用于农药喷洒，成为我国首个应用植保无人机的农业服务公司。2005 年 12 月，当雅马哈公司准备将第 10 架同类型飞机出口给北京必威易创基科技有限公司时，被名古屋海关扣押，日本政府以植保无人机可能被用于军事用途为由禁止雅马哈公司继续将植保无人机销售到中国。

2005—2006 年，中国农业大学、中国农业机械化研究院、农业部南京农业机械化研究所等科研机构开始向科技部、农业部、教育部等相关部门提议立项进行植保无人机的研制工作。经过前期准备和申报工作，2008 年由农业部南京农业机械化研究所、中国农业大学、中国农业机械化研究院、南京林业大学、总参谋部第六十研究所等单位共同承担的科技部国家 863 计划项目"水田超低空低量施药技术研究与装备创制"正式启动实施，这一项目的实施，标志着国内科研机构正式开始探索植保无人机航空施药技术与装备研发。项目组基于总参谋部第六十研究所已开发的 Z-3 飞行平台，研制出油动单旋翼植保无人机，其可装配 10 kg 药箱，搭载 2 个超低量离心雾化喷头，如图 2-9 所示。

2008 年，中国农业大学植保机械与施药技术研究中心与山东卫士植保机械有限公司、

图 2-9　基于 Z-3 飞行平台的油动单旋翼植保无人机

临沂风云航空科技有限公司开始合作,进行低空低量遥控多旋翼无人施药机的研发工作,并于 2010 年研制出国内也是世界上第一款多旋翼电动植保无人机——3WSZ-15 型 18 旋翼植保无人机(见图 2-10),包括搭载 10 L 药箱的 18 旋翼机和搭载 15 L 药箱的 18 旋翼机 2 种机型,装配了专为多旋翼植保无人机研发的专用变量离心喷头。此后几年里,这种机型在全国10 多个省市得到了推广。2013 年山东省科技厅组织的由罗锡文院士为主任的鉴定委员会对该成果的鉴定结论为"项目取得了多项创新,在低空低量遥控多旋翼无人施药技术方面,该项目综合性能达到国际先进水平"。同年,该"低空低量遥控多旋翼无人施药机"获得山东省科学技术进步奖二等奖。

图 2-10　3WSZ-15 型 18 旋翼植保无人机

2010 年,中国农业大学植保机械与施药技术研究中心与珠海银通无人机科技有限公司开始合作,进行低空低量遥控电动单旋翼植保无人机的研发合作,并于 2012 年研制出国内第一款电动单旋翼植保无人机——CAU-3WZN10A 无人机(见图 2-11),其可搭载 10 L 药箱的药箱,装备了 4 个扇形喷头。

图 2-11　CAU-3WZN10A 单旋翼植保无人机

我国油动单旋翼植保无人机的民间开发可能较国家 863 项目更早,2010 年无锡汉和航空技术有限公司生产的 3CD-10 型单旋翼油动植保无人机开始首次在郑州全国农机博览会上亮相,这是国内首款在市场上销售的油动单旋翼植保无人机 3CD-10 型植保无人机(见图 2-12),开启了我国植保无人机商业化的第一步。2011 年,汉和植保无人机再次亮相北京国际现代农业博览会,进一步引起强烈反响。

图 2-12　无锡汉和航空技术有限公司早期生产的 3CD-10 型植保无人机

至 2012 年,我国植保无人机已成规模,按结构主要分为单旋翼和多旋翼两种,按动力系统可以分为电池动力与燃油动力两种,型号达十多种,一般空机重量为 10～50 kg,作业高度为 1.5～5 m,作业速度小于 8 m/s。以电池为动力的电动植保无人机核心是电动机。电动植保无人机操作灵活,起降迅速,单次飞行时间一般为 10～15 min。以燃油发动机为动力系统的油动植保无人机核心是发动机。油动植保无人机结构相对复杂,机身重,需要一定的起降时间,单次飞行时间可超过 1 h(取决于油箱大小),维护较复杂。单旋翼无人机(电动与油动)药箱载荷多为 5～20 L,部分油动机型载荷可达 30 L 以上。多旋翼无人机多以电池为动力,较单旋翼无人机药箱载荷少,多为 5～10 L,其具有结构简单、维护方便、飞行稳定等特点,喷雾作业效率高达 1～2 亩/分钟。

2012 年 4 月,由中国农业大学植保机械与施药技术中心、中国农科院植保所与全国农技推广中心联合主办,广西田园公司协办的全国首场低空航空施药技术现场观摩暨研讨会在北京市小汤山某空军飞行俱乐部召开,参会的有油动和电动、单旋翼和多旋翼等多种类植保无人机共 12 种,以及有人驾驶的 3 款动力伞植保飞行器共同亮相现场观摩会;参加的植保无人机公司有北京天途、无锡汉和、山东卫士、北京圣明瑞等共 15 家公司。以此为起点,低空低量航空施药技术研究开始在我国逐渐成为热点。

根据发展需要,2012—2013 年,中国农业部国际合作司发起并组织了为期 2 年的中日韩植保无人机国际合作研究项目"植保无人机水稻低空施药技术研究",中国农业大学植保机械与施药技术中心为中方项目的主持方,负责项目实施,中日韩三方研究人员在项目执行期内不同时期在三个国家分别进行了大量的人员交流和植保无人机施药田间试验,三方所有参与成员共享无人机施药技术研究成果和信息,撰写了题为"中国日本和韩国水稻田间植保机械应用研究"的项目总结报告。

2.4 无人机在农业领域的应用

近年来无人机在农业领域,主要是提供了农情监测、作物观测、农业生产、科研辅助、食品安全、电子商务等方面的服务。

1. 监测与观测

通过在无人机上配置高清数码相机、高清摄像头、多光谱仪、高光谱仪、热像仪、传感器等专业成像设备,获取低空高分辨率遥感数据,并对数据进行分析处理,可应用于农作物生长及健康状况评估、农作物产量预测、自然灾害评估、农作物病虫草害发现与预警、农作物生长环境监测、土地资源测量、畜禽管理、畜禽疫病发现等方面。图 2-13 所示为植保无人机病虫害农情监测,图 2-14 所示为无人机配置多光谱仪用于农作物生长、健康状况评估及农作物产量预测。

在国外,2002 年美国宇航局运用无人机搭载高分辨率彩色多光谱成像仪对 Kauai 咖啡

图 2-13　植保无人机病虫害农情监测

图 2-14　无人机配置多光谱仪用于对农作物生长、健康状况评估及农作物产量预测

公司的种植区进行拍摄,将拍摄到的图像实时传输到计算机,进行加强和分析,以监督杂草爆发、薄露灌溉及施肥异常等情况;西班牙研究者使用无人飞行器搭载光谱设备,检测在 400～800 nm 光谱区内叶片的胡萝卜素含量;2013 年,José Manuel Pena mail 使用无人机携带近红外多光谱相机对玉米田的杂草覆盖率进行分析,生成了一个杂草的网络结构,对杂草覆盖的估计图像分析取得了令人满意的结果;法国学者 Amélie Quiquerez 使用无人飞行器监测农田土壤表面特征对环境侵蚀的影响,为土壤模式和栽培山坡水土流失分析的描述提供了新的见解。

　　在我国,李冰等人运用无人机搭载多光谱相机,以冬小麦为研究对象,实现了对冬小麦覆盖度变化的监测;高辉等人运用无人机和成像光谱仪开展了基于无人机的低空农作物成像光谱遥感平台的研制和应用示范,建立了基于低空高光谱遥感信息的应用模型,得到农作物不同生育期的成像光谱仪遥感反演模型和相应灾害遥感反演模型。青海省地矿测绘院李玉梅开展了无人机航空摄影在农村土地承包确权工作中的应用研究,目的在于利用无人机的监测与观测类功能解决承包地块面积不准、四至不清、空间位置不明确、登记簿不健全等问题。内蒙古河套灌区管理总局和西北农林科技大学合作,使用固定翼无人机和多旋翼无人机搭载试验设备,分别获取两个试验区的土壤水分和作物水含量的信息,拓宽了灌区自动化检测领域和方向。

2. 农业生产作业

无人机配置高精度定位器、机械臂等作业装置,就成为了三维可移动机器人,可完成各种农作任务。当前和可预测的应用包括:田间播种(见图2-15)、植保喷药、田间施肥、田间授粉(见图2-16)、水面投料、设施巡检等。

图 2-15　无人机田间播种

图 2-16　无人机田间授粉

近年来,无人机植保作业因其单位面积施药液量小、作业效率高和农药飘移少等优点在病虫害防治方面的应用发展迅猛。在我国,安徽、河南、河北、山东、江西、湖南、新疆等很多省份都陆续开展了植保无人机的应用与推广。自 2008 年起,以浙江大学、农业部南京农业机械化研究所、华南农业大学等单位为代表开展了 GPS 自动导航、低空施药等技术的研究,实现了在操作平台上精确规划航迹进行精准喷药作业。湖南省是第一架半步低空飞防作业的省份,也是享受农机补贴的第一个省份,巨大的政策利好带动湖南农用无人机领域应用研究迅速发展。湖南永兴县运用无人机对冰糖橙种植区进行木虱防治任务,有效提高了冰糖橙果树对黄龙病的预防能力;苟栋等在湖南地区利用 TH80-1 型植保无人机针对低空低容量喷雾和人工电动喷雾器大容量喷雾两种不同施药方式的田间效果进行了试验,试验表明该方式对水稻中后期主要病虫害稻飞虱、稻纵卷叶螟和枯纹病的防治效果显著,效率远高于传统喷药。另外,山东省运用无人机对蝗虫进行防治,有效遏制了蝗虫对小麦、玉米的侵害。

国内外实践表明,将无人机用于植保作业,能极大提高作业效率,且不会对土壤进行重复碾压,不伤作物,能提高农药有效利用率,在一定程度上减少劳动力。在无人机播种方面,美国俄勒冈州无人机创业公司 DroneSeed 开发出一种高速播种无人机,可运用压缩空气把种子射入土壤中,此设备已应用于美国西北部森林再造,大大提高了造林工作效率。

另外,采用现代化无人机编队作业(见图 2-17),可以极大提高作业效率。

图 2-17　无人机编队作业

3. 其他领域

无人机在科研辅助、农产品质量安全、农业电子商务等领域也存在着潜在应用空间。在科研辅助方面,运用无人机对科研目标整体情况以及单个科研目标进行观测和观察,能有效提高科研工作者工作效率。Kohei Arai 等人利用无人机搭载近红外相机对茶叶氮含量进行监测,阐明了红外反射率与总氮含量之间的关系,提出了茶叶氮含量与近红外反射的评价方法。Bending 等人基于无人机搭载数码相机平台获取大麦株高进行多次研究,建立大麦株高与生物量的估算模型。杨贵军等研发了一套农业多载荷无人机遥感辅助小麦育种信息获取系统,利用多旋翼无人机搭载高清数码相机、多光谱仪及热像仪等多载荷传感器,提出了无地面控制点条件下的无人机遥感数据集合精校正模型,实现多载荷遥感数据几何校正。杨琦等以广西糖料蔗为研究对象,采用无人机搭载 RGB 高清数码相机构成低空遥感平台,提取株高并运用糖料蔗重要生育期估算其叶面积指数(LAI),得到了较好的精度。在农产品质量安全方面,当前应用主要着手源头,针对农作物生长阶段存在的植保问题,利用无人机做到精准定位、精准施肥及用药。在农产品电子商务领域,目前无人机的应用主要在农产品智慧物流中。京东在西安建设了全球物流供应链总部和全球无人机系统生产基地项目,并与陕西省政府开展了包含智慧物流体系、传统物流体系升级、农村电商等 6 个方面的合作,实现优鲜农产品的及时运送。

2.5　我国植保无人机的现状

　　由北京中航智科技有限公司研发的植保无人机 TDN-01 大型农用无人直升机(见图 2-18),载药量已达到 80 L,是目前国内农用无人机中载药量较大、续航时间较长的典型机型。按每个架次 20 min 计算,每天 8 h 作业时间,理论上一天可以作业 2000 亩。未来,我国农业的规模化、机械化和无人化有望成为新趋势。

图 2-18　TDW-01 无人机

　　随着大疆无人机自动化配套软件的逐步完善,大疆公司推出了 T16 植保无人机(见图 2-19),它的药箱容积为 16 L,因为搭配了大疆强大的软件系统,可以提前设定好程序,包括设定速度、设定面积、设定轨迹等,让无人机自动完成喷洒农药的工作,让农民的操作更轻松简单。现在,只需要一位飞控手就能完成农药喷洒作业。

　　极飞 P20 植保无人机是广州极飞科技有限公司旗下的植保无人机(见图 2-20),该机采用了新型 SUPERX2 RTK 飞行控制系统,搭载 GNSS RTK 定位模块和变量喷洒系统。极

图 2-19　大疆 T16 植保无人机

飞 P20 整体机身采用了"防滚架"设计,在整体结构上增加了 30%～60% 的强度。机身也多处采用了碳纤维、高强度镁铝合金等材料,整机防水等级 IP67,达到了"全身可水洗"的能力。一台无人机仅需 10 min 即可装配完成,既方便远距离运输,又缩短了维护时间。P20 植保无人机采用了四向雷达,实现全向避障和绕障的能力,用户可以实时收到飞机故障短信提醒。植保作业时最大喷洒流量可达 5.6 L/min。

图 2-20　极飞 P20 植保无人机

北方天途航空技术发展有限公司生产的 TTA 天途 M8Apro 农业植保无人机(见图 2-21),相对于业内普遍的 10 kg 净载荷而言,其净载荷偏大,达 20 kg,适用中大地块。采用了 RTK 差分系统支持全智能作业模式,使操作更简单。M8Apro 拥有全智能自主起降、航线规划、自主喷洒等功能,能实现航线断点智能记忆,无药时自动记忆坐标点,一键返回继续喷洒作业,确保作业的连续性,提高了作业效率。

在整体机身设计上,为了让飞机在大载荷下最大程度节约能耗,而且依然拥有稳定的飞行性能,M8Apro采用四个向上电机和桨叶、四个向下电机和桨叶的整体设计。这样的设计也让M8Apro在众多的机型中卓尔不群。可折叠的机臂和喷管,整机模块化的设计,让用户在田间地头即可快速维修。

图 2-21 TTA 天途 M8Apro 农业植保无人机

深圳高科新农技术有限公司生产的 HY-B-15L 单旋翼电动农用无人机如图 2-22 所示,其最大载药量可达 16 L,是目前业内较大型载荷的电动无人直升机,续航时间可达 35 min以上,仅需一块电池即可完成 16 L 农药的喷洒,而电池使用量是同类别载荷多旋翼飞行器的四分之一,既省电池,又节约充电时间,这一点对于规模化连续作业尤为重要。无副翼设计和独特的 U 形药箱,可保证飞机在飞行作业中的稳定性、易控性,具有极高安全性能。空机重量仅为 9.8 kg,单人可以轻松搬运转场。

图 2-22 高科新农 HY-B-15L 单旋翼电动农用无人机

深圳天鹰兄弟无人机创新有限公司生产的 TY-777 无人机如图 2-23 所示,其由锂电池驱动;飞机重量轻,一人即可独自搬运;实现了智能操作;采用德国进口无刷电机,免维护;杀虫效率达 90%以上,节水 90%,节药 40%以上;每小时作业面积最高可达 60 亩;适应任何作业环境(深水田、丘陵、高山、灌木),用途广(施药、施肥、除草剂、制种授粉)。

图 2-23　天鹰 TY-777 无人机

2.6　无人机在农业应用中存在的不足

2.6.1　续航能力及通信范围受限

常用农用无人机受机身重量及搭载辅助器件的影响,一般续航时间为 20～60 min,根据搭载的通信模块不同,其通信范围在 0.5～15 km 之间不等。大疆 M200 无人机最大载重为 2 kg,通信控制范围半径为 7 km,最长飞行时间只有 38 min,载重下无人机续航能力低下。在低负载下,例如只搭载图像采集设备的农用无人机,最大续航也基本不超过 60 min。由于在农业中无人机都是进行大范围的作业,承重能力太低、续航时间太短、通信范围过窄会导致实用性降低。

2.6.2　前期投入成本高

用于农业生产方面的无人机一般采用固定翼和旋翼两种,其价格根据其功能的不同,售价在 5 万～40 万元之间不等,推广价格优势不明显。此外,每台无人机需要配备一个专业飞控手。据统计,农业植保无人机专业飞控手人工费约 7 元/亩,每年工作时间约 180 天,年计人工费约 10 万～30 万元不等,相对传统农机而言,在农业生产环节使用无人机极大地增加了人工成本。加之我国农业集约化、规模化水平不高,作物种植较为分散,等等,诸多各方面因素的影响,使农用无人机的应用推广受到极大阻碍。

2.6.3　安全性不足

安全性不足主要体现为飞行过程受地理环境和天气的影响大、飞行安全性不高等问题。

恶劣的作业环境会极大影响农用无人机的飞行作业效果。作业范围内应无过高建筑、高压电塔、电杆等飞行障碍物;需要有合适无人机的起降点等。环境因素也导致了农用无人机应用的受限。另外,国内市场上的农用无人机在关键技术、可靠性、操作便利性等方面都与世界领先水平存在一定差距。

2.7　植保无人机的发展展望

2.7.1　飞行器硬件研究

在飞行器机身方面:设计适合农业各应用领域的不同无人机型号外观,减轻不必要重量,最大程度地提升工作效率,提升飞行器抗恶劣天气影响的能力,以提升飞行的安全性。

在飞行导航系统方面:利用"GPS/北斗＋WiFi＋基站"的定位方式(见图 2-24),提高导航精度,优化飞行算法,提升航行规划精确性、智能性。

图 2-24　无人机 GPS/北斗＋WiFi＋基站

在续航能力方面:现阶段农用无人机大多采用锂电池(见图 2-25)供电,相较于燃油驱动无人机(见图 2-26)而言,降低了成本及机身尺寸,同时也提高了便携性及安全性。

由于农业无人机要求搭载的设备种类越来越丰富,要求的飞行时间也越来越长,使用锂电池已渐渐无法满足各种应用环境的需求,现阶段,石墨烯、太阳能、燃料电池是人们研究无人机新能源的主要方向。在太阳能动力电源供应方面的研究,我国目前也处于一个世界领先水平,我国自主研制的彩虹-t4 系列无人机现已能够实现在太阳能动力的补给下,稳定而持续地进行飞行作业,如图 2-27 所示。

图 2-25　无人机锂电池

图 2-26　燃油驱动型无人机

图 2-27　彩虹-t4 太阳能无人机

2.7.2　应用研究

在植保领域,植保无人机未来将与大型地面机械化植保装备相结合,形成空中和地面优势互补的立体植保模式。在农产品质量安全领域,可运用无人机在短时间内获取大面积的农产品安全溯源信息,比如:无人机通过搭载传感设备,对水产养殖水质中重金属等含量进行大面积实时采集,实现水质环境可追溯。在农产品电子商务领域,可运用无人机采集和发布农产品实时生产过程信息,实现基于直播的远程看样订货及交易的新型农业电商模式,这对于大宗农产品 B2B 电子商务有着积极的推动作用。

习题

1. 农业植保无人机主要由哪三部分组成?
2. 植保无人机有哪些优势?
3. 无人机在农业应用中存在哪些不足?
4. 多旋翼和固定翼相比,其优势在哪里?

第3章

无人机在电力方面的应用

WURENJI ZAI DIANLI FANGMIAN DE YINGYONG

电力系统的输电线路距离长,跨越区域广,沿途地形与地质条件复杂,自然环境恶劣。输电线路设备长期暴露在野外,受到持续的机械张力、雷击闪络、材料老化、覆冰以及人为因素的影响而产生倒塔、断股、磨损、腐蚀、舞动等现象,这些情况必须及时得到修复或更换。绝缘子还存在被雷击损伤、树木生长引起高压放电以及绝缘劣化而导致输电线路事故的问题,杆塔存在被偷盗等风险,必须及时处理。

3.1 输电线路的传统人工巡查方式

我国电力行业每年整体投资约为 1000 亿元,目前已形成华北、东北、华东、华中、西北和南方电网共 6 个跨省区电网。随着电网的日益扩大,巡线的工作量也日益加大,100 km 的巡线工作需要 20 个巡线人员工作一天才能完成。特别是需要穿越各种复杂的地理环境、交通和通信不完善地区的电力线路的日常检测很难完成。传统的人工巡线(见图 3-1)不仅工作量大而且条件艰苦,特别是对山区和跨越大江大河的输电线路的巡查,劳动强度大、劳动效率低、风险高,复巡周期长,巡检数据准确率不高,且恶劣自然环境区对巡线工人生命安全威胁性大。

图 3-1 输电线路人工巡查

3.2 输电线路无人机应用现状

传统的巡线方式已经满足不了现代电力系统的广泛需求。新兴起的电力无人机巡线却有着传统巡线无可比拟的优势,可完美地解决传统巡线中所遇到的困难。

无人机输电巡线系统是一个复杂的集航空、输电、电力、气象、遥测遥感、通信、地理信息(GIS)、图像识别、信息处理等技术于一体的系统,涉及飞行控制、机体稳定控制、数据链通信、现代导航、机载遥测遥感、快速对焦摄像以及故障诊断等多个高尖技术领域。现代无人机具备高空、远距离、快速、自行作业的能力,可以穿越高山、河流对输电线路进行快速巡线,对架空线的铁塔、支架、导线、绝缘子、防震锤、耐张线夹、悬垂线夹等进行全光谱的快速摄像和故障监测。基于无人机输电巡线采集数据的专业分析,为电网管理和维护提供数据支持。

　　无人机作业可以大大提高输电维护和检修的速度和效率,使许多工作能在完全带有备用电源的环境下迅速完成。无人机作业还能使作业范围迅速扩大,而且不为污泥和雪地所困扰。因此,无人机巡线方式无疑是一种安全、快速、高效、前途广阔的巡线方式。

3.3　输电线路无人机应用

3.3.1　输电线路无人机应用概述

　　输电线路无人机应用主要阶段:① 前端数据的获取;② 对数据的处理及分析;③ 对数据结果的后续处理。目前输电线路无人机广泛应用在前端数据的获取阶段,如固定翼无人机通道巡视、多旋翼无人机的精细化巡视及特殊巡视等。

　　采用电力无人机在日常巡检工作中做好对输电线路的巡视和维护工作,具有非常重要的意义。首先,有利于电力部门制定有针对性的维护措施,加大线路运维工作力度,确保重要输电线路安全运行。其次,有利于加大强降雨后重点区段的特巡力度,增加大负荷运行下设备检测次数。最后,有利于定期对线路通道内树木、违章建筑等情况进行重点排查、清理,确保输电通道安全。

　　电力无人机巡线不仅仅能提高工作效率,降低成本,更重要的是能保障电力的稳定运行,保障人们的生活正常用电和工厂用电,维护社会的稳定。

　　现阶段无人机技术还存在不少问题,在专业领域的应用仍然处在初级探索阶段。

1. 受现有电池技术的限制

　　无人机的续航行时间在 20 min 左右,目前无人机每架次仅可在视距内对 1 km 半径范围进行任务作业,专业应用领域普通无人机的作业效率没有显著的提高。

2. 无人机机载摄像系统不具备图像识别功能

　　无法自动对所采集的图像信息进行比对从而做出故障诊断,仅依靠地面站监视人员以肉眼分辨判断,效率低并且容易出现漏检现象,巡检质量无法得到保证。

3. 无人机地面 PC 端不具备数据处理系统功能

　　对所采集的图像数字信息只能依靠人工进行查看、甄别、筛选,数据处理工作量大、费时耗力,且容易出现人为错漏。

4. 无人机其他方面的局限

　　无人机的导航系统采用单机 GPS(全球卫星定位系统)系统。由于 GPS 的定位精度受卫星钟差、卫星轨道误差、电离层、对流层、多路径效应、天线相位中心偏差、接收机钟差等误差源的影响,通常存在一定的误差。目前 GPS 单机定位精度为 15 m 左右,这样就不能满足专业领域对无人机精确作业的运用要求。

无人机不具备避障功能,而专业领域作业要求无人机尽可能靠近巡检目标进行精确化巡检,需要无人机具备避障功能,以确保巡检作业安全。

无人机作业成本较高。由于无人机受技术限制,不能完全满足专业领域无人机特定运用所需要的多种功能,综合作业效率没有明显的提高,造成无人机作业成本较高。以电力巡检为例,无人机作业成本是 600 元/km,与人工巡检作业成本差别不大,致使无人机巡检的整体优势难以得到充分发挥。

3.3.2　巡察巡视类无人机

1. 固定翼无人机

输电线路遭受外力破坏的情形大致有:高秆植物的破坏、山火的破坏、违章施工的破坏、违章建筑物的破坏等。采用固定翼无人机对电力线路进行超视距远程巡视,可以有效防止各种形式的外力破坏对电力线路造成影响。

自动导航固定翼无人机在相对线路 80 m 上方飞行巡查,巡航过程中实时回传拍摄画面到地面站,从而有效监测并预防外力破坏的发生。航巡任务完成后无人机自动返航。固定翼无人机的巡察巡视如图 3-2 至图 3-7 所示。

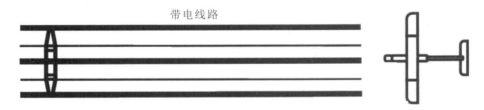

图 3-2　固定翼无人机进行外力破坏巡视

图 3-3　电力线路树障情况巡视

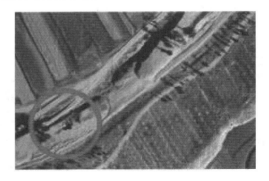

图 3-4　地面开挖违章施工作业巡视

图 3-5　线路周边违章建筑情况巡视　　图 3-6　线路下方大型机械挖土施工巡视

图 3-7　固定翼电动无人机及飞行路径导航

固定翼电力巡视无人机的特点如下。

（1）灵活性。预先把基塔坐标参数输入到地面站并编辑航线,飞控系统按照预定航线对无人机进行导航,展开超视距飞行,同时实时回传拍摄画面,并对飞行姿态进行监控和调整,航巡任务完成后无人机可自动返回。

（2）安全性。固定翼无人机一般采用无刷电动机或内燃发动机驱动,具有重量轻、机身振动小、节能环保、无二次灾害、安全性高等性能优势。

（3）机动适应性。固定翼无人机具有很好的飞行条件适应性,可快速组装、弹射起飞、伞降回收,不受起飞条件的限制。

2. 旋翼无人机

旋翼无人机既可以定点悬停,又可以低速远距离飞行,适用于对基塔进行设备缺陷巡查以及对 10 km 范围内的输电线路进行外力破坏巡查。

设备缺陷巡查主要包括对输电线路进行巡查,观察绝缘子是否有自爆和缺失、防震锤是否移位、导地线是否有断股和损伤、金具是否有裂纹和变形、插销和螺丝垫片是否松动、间隔棒是否损坏和脱落、导线连接点是否有过热或异常放电等情况。

根据待查目标的坐标、高度等相关参数对自驾系统进行航线任务设定,让旋翼无人机在相对基塔上方 10 m 距离进行悬停拍摄,或者在相对导线上方 10 m 距离进行平行巡航拍摄,操作人员可以从地面站图像系统观察到当前的巡查状况,发现疑似故障点可以发出指令让无人机悬停进行精细拍摄。

旋翼无人机巡线如图 3-8 至图 3-12 所示。

图 3-8　导线断股巡查

图 3-9　地线断股巡查

图 3-10　巡查发现均压环损坏故障

图 3-11　巡查发现插销缺失故障

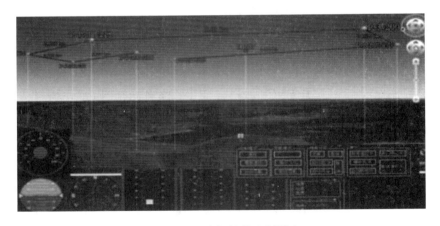

图 3-12　无人机航线飞行巡查

旋翼无人机的性能特点如下。

（1）稳定性，具有超强的增稳和姿态调整系统，可以长时间在空中悬停；实现了全自主垂直起降、智能导航，可以一键起飞、一键返航。

（2）精确性，可以近距离飞抵巡检目标，进入放电范围不受电磁干扰。

（3）可对输电设备进行精确化巡查。

3. 带特种载荷旋翼无人机

旋翼无人机可搭载红外线探测器、紫外探测器等仪器进特殊性巡查。

红外作业，即通过无人机云台搭载红外线探测器、红外成像仪等仪器进行特殊性巡查，如图 3-13 所示。

图 3-13　无人机红外作业

　　紫外作业,即通过无人机飞行云台搭载相应的紫外线探测器进行特殊性巡查,如图 3-14 所示。

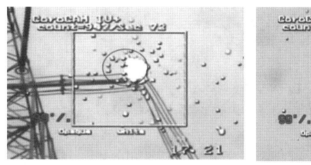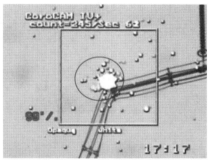

图 3-14　无人机紫外作业

4. 其他类无人机

　　喷洒作业无人机用于喷洒植物生长抑制剂,阻碍影响线路安全的树木的生长,解决线路树障问题,如图 3-15 所示。

图 3-15　喷洒作业

无人机搭载三维激光扫描系统作业,可收集数据,用于线路、变电站等建模,如图 3-16 所示。

图 3-16　线路与变电站建模

线路喷火清障特种无人机,适用于高压输电线路农作物覆膜、风筝等飘挂物的带电清除,如图 3-17 所示。

图 3-17　线路喷火清障

起重导引无人机,适用于新立项目架线,检修等项目牵引绳的架设。特别在跨山、跨河等工况下,起重导引无人机的作用特别重要,如图 3-18 所示。

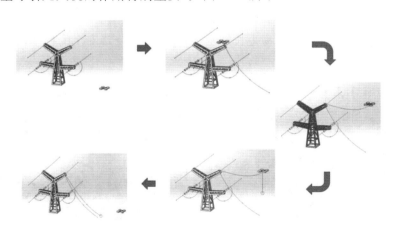

图 3-18　起重导引无人机作业

高空照明无人机,适用于台风、暴雨等自然灾害造成电网线路及设备受损,需要夜间抢修作业和应急保障供电照明的场合,同时也适用于电网日常的夜间巡视维护作业,为夜间作业提供高照度、大范围的照明光源,大大提高夜间作业的安全性和工作效率,如图 3-19 所示。

图 3-19　无人机高空照明

3.3.3　线路通道模型的建立

高压输电线路通道模型可以通过两种方式建立。一是无人机携带激光雷达扫描系统沿线路通道扫描建立,如图 3-20 所示;二是通过无人机携带可见光成像设备对线路通道进行数据采集,对采集的可见光数据用正射影像、倾斜影像建模技术建立。通过空中三角测量模块(条带)自动生成地表模型(见图 3-21),再对生成的模型数据进行分析,可以得到树障报告等线路数据结果,生成线路规划预案与数据分析,如图 3-22 至图 3-24 所示。

无人机携带激光雷达扫描系统的优点是建模精度高,可以达到厘米级的精度,成型完整;缺点是设备昂贵。无人机携带可见光成像设备,通过正射、倾斜影像建模技术建立的模型相对精度较差,且对线路本身无法成型,需要后期辅助才能增加线路的模型,工序多、效率低;优点是设备价值相对无人机携带激光雷达扫描系统大大降低。

图 3-20　通过激光扫描系统生成的地表(条带)模型

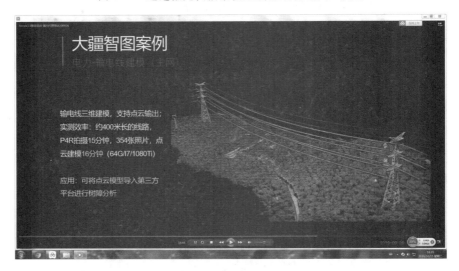

图 3-21　通过正射影像技术生成的地表(条带)模型案例

图 3-22　生成的线路规划预案

图 3-23   无人机航拍数据样板

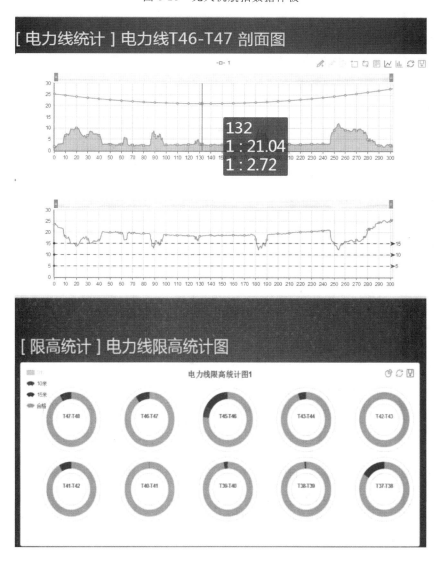

图 3-24   数据分析结果

3.3.4 基于结构化数据、RTK 高精度定位的自动巡线

在对线路通道建模工作完成后，借助自动飞行技术及空间精确定位技术，无人机可实现自动巡线飞行作业。

为了进一步提高生产效率，获得高清的图像信息资料，电力巡线无人机作业时需要保持与待检目标 10 m 的距离进行定高定点拍摄或者定高定距平行飞行拍摄，所以电力巡线无人机的导航系统对 GPS 的定位精度要求很高，它通过空中的卫星能够为无人机的导航系统实时、连续、全天候、高精度地提供监测目标的三维位置、三维速度和时间信息。GPS 的定位精度受卫星钟差、卫星轨道误差、电离层、对流层、多路径效应、天线相位中心偏差、接收机钟差等误差源的影响而出现误差，目前 GPS 单机定位精度为平面 4～10 m 左右，高程在 2～5 m。

在电力巡检作业中，这样的定位精度是远远无法满足实际需求的。线路巡检作业属于强电场，多障碍的运行环境，需要非常高的定位精度，误差大会引起飞行器与线路设备发生碰撞，轻则飞行器损坏，重则损坏线路设备，引起线路跳闸。后者是巡检作业单位绝对不能接受的后果。所以就需要更高的定位精度，以满足作业要求。GPS RTK（real time kinematic）技术可以用来提高 GPS 定位的精度。GPS RTK 技术又称载波相位动态实时差分技术，如图 3-25 所示，该技术是通过采用多台接收机（基准站）同时观测卫星，由于多台接收机（基准站）的误差来源具有很强的一致性，所以可以通过同时观测的卫星数据进行差分来减弱一部分误差（如卫星的误差、电离层对流层传播的误差等），从而提高 GPS 定位的精度，能够达到厘米级的精度。

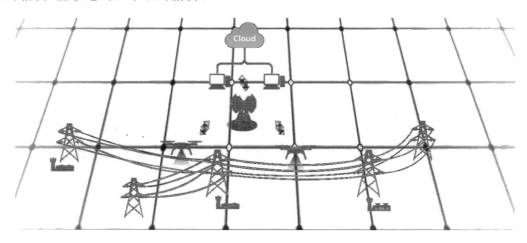

图 3-25 运用 GPS RTK 技术来提高无人机定位的精度

GPS RTK 系统主要包括三个部分：基准站、流动站和数据链。其技术原理是：基准站接收机架设在若干个已知坐标的输电线路杆塔上，连续接收所有可视 GPS 卫星信号，基准站将测站点坐标、伪距观测值、载波相位观测值、卫星跟踪状态和接收机工作状态等通过无线数据链发送给流动站（无人机），流动站（无人机）先将数据信息进行初始化，完成整周未知数的搜索求解后，进入动态作业。流动站（无人机）在接收来自基准站的数据时，同步观测采集 GPS 卫星载波相位数据，通过 GPS RTK 系统内差分处理求解载波相位整周模糊度，根据基

准站和流动站(无人机)的空间相关性,在系统内组成差分观测值进行实时解算处理,得出流动站(无人机)厘米级精确的平面坐标(x,y)和高程h。

GPS RTK 差分技术的基本算法:算法中使用的时间系统为 GPS 时,坐标系为 WGS-84 坐标系。

(1)消除电离层误差的算法。主要通过电离层网格延迟算法来获得实际的电离层延迟值,以消除电离层误差。具体过程如下:解算星历,得出卫星位置→求电离层穿透点位置→求对应网格点→求网格 4 个顶点的电离层延迟改正数→内插获得穿透点垂直延迟改正数→求穿透点的实际延迟值。

(2)卫星位置的计算。解算出星历数据后,加入星历修正和差分信息,便可计算出卫星位置。从 GPS OEM 板接收的是二进制编码的星历数据流,必须按照标准的数据结构解算星历数据,再依据 IEEE-754 标准将其转换为十进制编码的数据。在这里,需要解算的参数有:轨道长半轴的平方根、平近点角改正、星历表基准时间、偏心率、近地点角距、卫星轨道摄动修正参数、轨道倾角、升交点赤经、升交点赤经变化率。

无人机利用 GPS 以及 RTK 的精确定位,对线路走廊进行巡查,利用每一基塔的坐标点,通过 RTK 差分技术对线路走廊的每一条导线进行巡查,巡查方式为按每相进行。作业步骤如图 3-26 所示。

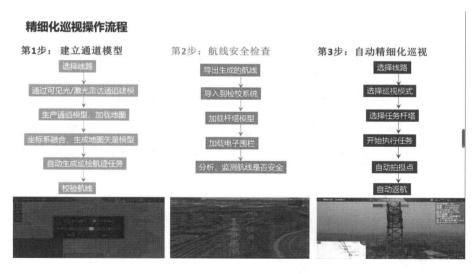

图 3-26　无人机自动精细化巡检逻辑步骤

无人机自动精细化巡视的场景如图 3-27 与图 3-28 所示,控制系统操作界面如图 3-29 至图 3-34 所示。

图 3-27　无人机自动精细化巡视

图 3-28　执行自动巡检任务

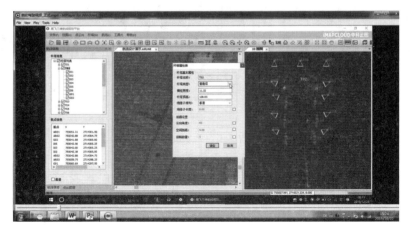

图 3-29　建立自动巡检航线及任务

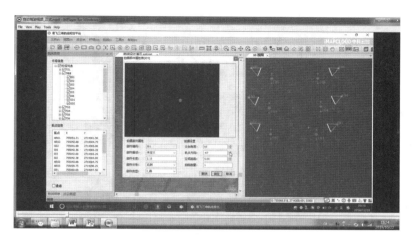

图 3-30　检查编辑航线及任务策略

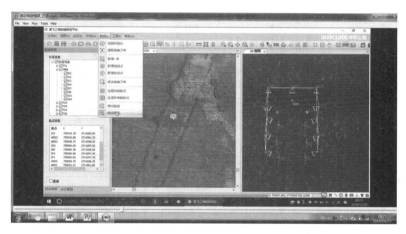

图 3-31　检查核对航线及任务策略

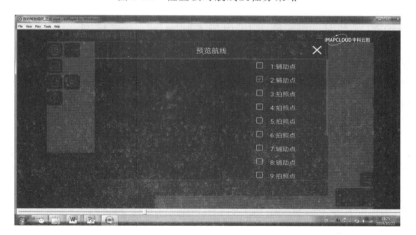

图 3-32　自动巡检航线预览及复检

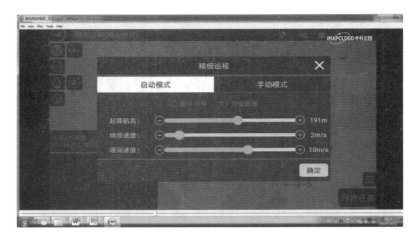

图 3-33　参数复核

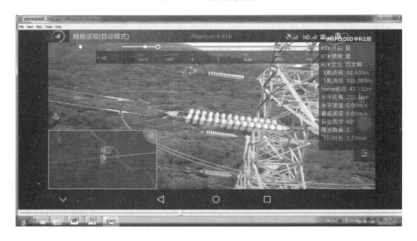

图 3-34　自动巡检任务实时监测

3.3.5　自动巡视的海量数据分析处理

对无人机电力巡线取得的海量数据(见图 3-35)进行结构化处理,形成结构化数据,包括对海量故障缺陷的自动学习识别,这一技术国内外相关单位及公司正在加紧研发,目前已取得可喜的进展,有应用的例如对线路通道周围的树木模型进行结构化处理和比对,掌握树木的生长率等情况,在有树障黑点风险警示前提前处理,为生产管理进一步提供主动性预防的保障。对线路精细化巡视中较为标准的设备元器件进行故障自动识别,能免去海量的数据需要人工判断和识别,进一步提高效率,如图 3-36 所示。目前数据处理的自动化还没形成较全面的应用的规模。

3.3.6　无人机电力应用的未来展望

随着巡检流程自动化、数据处理自动化、信息反馈自动化技术的不断发展,特别是数据处理自动化中图像深度学习这一关键技术在未来的突破,我们有望实现电力运维的全流程自动化。

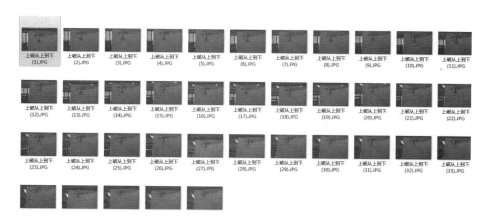

图 3-35　某公司的绝缘子串的数据库素材

图 3-36　无人机自动图像识别处理验证任务

习题

1. 无人机在输电线路中的主要应用是什么？

2. 现阶段无人机在电力方面的应用主要受到哪些限制？

3. GPS RTK 系统的技术原理是什么？

第 4 章

无人机航拍技术

WURENJI HANGPAI JISHU

　　无人机低空拍摄是无人机在垂直拍摄领域的应用之一,很多人的无人机之梦都开始于酷炫的空中拍摄,无人机与拍摄技术结合,能彼此促进,共同发展。

　　无人机摄影/摄像,剧组常称为"空拍",其定义为:以无人机为载体,通过云台系统挂载的摄影设备,利用图像传输系统将空中画面传输到地面,由地面操作人员,以及云台操作机师共同配合完成的空中镜头拍摄作业。

4.1　航拍无人机的种类及其特点

　　航拍无人机主流运用的航空器种类以无人直升机、多旋翼飞行器为主,多旋翼飞行器中第一视角(first person view,FPV)飞行器也逐步运用到电影拍摄中来,国产科幻片《钢铁苍穹3》中就有精彩的第一视角航拍镜头。

4.1.1　无人直升机

　　无人直升机具有独特的飞行性能及使用价值。与有人直升机相比,无人直升机由于不会造成人员伤害、体积小、造价低等特点,在许多方面具有无可比拟的优越性。与固定翼无人机相比,无人直升机可垂直起降、空中悬停,朝任意方向飞行,其起飞着陆场地小,不必像固定翼无人机那样必须有正式的跑道用来起飞降落。无人直升机在早期航模时代是主要的航拍机型(见图4-1),当旋翼机技术成熟后,无人直升机的使用就少了很多。究其原因,无人直升机飞行难度大,维护成本高,造价比多旋翼无人机高许多,因此,在国内航拍市场应用越来越少。

图 4-1　航拍无人直升机

4.1.2　多旋翼无人机

多旋翼无人机是目前市场主流的航拍机型,从大疆多旋翼无人机面市开始,多旋翼无人机也成了中国无人机的代名词。如图 4-2 所示为多旋翼无人机航拍工作场景。多旋翼无人机的优点如下:

1. 机动性强

多旋翼无人机由于其体积相对较小,灵活轻便,任何地方都可以起降,适用于城市道路、乡间小道以及室内等,还可以进入一些危险区域比如峡谷和火山口等进行拍摄,这就可以让拍摄人员完全规避危险,避免因为意外造成人员伤亡。

2. 受场地限制小

一些狭小地带的快速穿行航拍,其他航拍手段都无法实现,此时航拍多旋翼无人机能发挥优势,拍摄出别具特色的视觉效果,比如说穿越大桥或者较大门洞,这样的画面在电影中会给人带来非常刺激的感受。

3. 费用低

比起其他航拍手段来说,无人机航拍的费用相对低廉。

4. 安全性能好

航拍无人机即使发生意外,最多也就是"机毁"而不会出现"人亡",并且随着科技的发展,在无人机上应用的技术也越来越先进,除非出现不可控的干扰,无人机坠毁的可能性已经降低到非常小的程度。

同样,多旋翼无人机也存在缺点:锂聚合物电池的自重较大,并且续航时间比较短,这是目前较难克服的短板。

图 4-2　多旋翼无人机航拍

4.1.3 第一视角飞行器

第一视角(first person view,FPV)飞行器是一种基于小型穿梭无人机上加装无线摄像头回传设备,操作者在地面根据回传的屏幕信息进行操控的航拍无人机(见图4-3),这种无人机航拍方式也称穿越机航拍。穿越机航拍是在近年来兴起的,常用的挂载摄影设备是GO PRO,优点是飞行速度极快,所提供的高速感是多旋翼无人机完全无法比拟的;缺点是只能挂载GO PRO一类超级迷你设备,而且不能加载云台,不太能够满足电影拍摄要求,除非在一些比较特定的场景才能应用,所以目前使用不是很广泛。未来,随着小型影视拍摄设备技术的提升,第一视角飞行器航拍会运用得越来越多。

图4-3 第一视角飞行器航拍

4.2 无人机在影视领域的应用

随着人工智能以及5G技术的蓬勃发展,无人机在影视领域的应用也将更加多元化。无人机除了在摄影方面的应用之外,在移动灯光运用、拍摄场地器材运输等方面都能大显身手。另外随着拍摄设备的小型化,无人机航拍也将出现非常细分的领域。无人机+5G,将让我们拥有新的赛事观看体验,用VR技术进行实景直播,真正的身临其境。复杂的多场景应用是无人机非常突出的特点,无人机在影视方面的应用,未来前景极为广阔。

4.2.1 无人机航拍系统组成

无人机航拍系统的组成如图4-4所示。下面以大疆经纬M600航拍系统为例,介绍无人机航拍系统的组成。无人机航拍系统主体包括以下内容。

(1)画面监视系统:用于航拍画面的观测。

(2)飞行遥控器、云台遥控器:用于控制飞行器和摄影云台的相应状态。

(3)飞行控制系统:提供稳定的飞行,保障飞行安全。

(4)云台、图传系统:拍摄、记录和传送有关的影视画面。

（5）动力系统:为飞行器提供动力补给。

图 4-4 航拍无人机系统组成

4.2.2 影视航拍领域主流无人机

常见的影视航拍无人机如图 4-5、图 4-6 所示。

图 4-5 Freefly 影视航拍无人机及航拍设备

图 4-6 DJI storm 影视航拍无人机

4.2.3 大型云台系统

大型云台系统如图 4-7、图 4-8 所示。

图 4-7　Freefly movi m15 云台系统

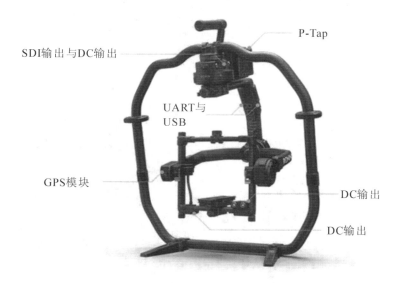

图 4-8　DJI 如影 2 云台系统

4.2.4　大型航拍器挂载摄影机

大型航拍器挂载摄影机如图 4-9、图 4-10 所示。

图 4-9　ARRI Alexa mini

图 4-10　RED Dragon 6k

4.2.5 大型航拍器挂载摄影机搭配镜头组

大型航拍器挂载摄影机搭配镜头组如图 4-11、图 4-12 所示。

图 4-11 阿莱 ARRI Master Prime（MP）电影镜头组

图 4-12 阿莱 ARRI Master Prime（MP）电影镜头组

4.3 无人机航拍的工作全流程

前期关于拍摄内容的沟通：熟读剧本，就拍摄内容与导演、摄影师开制作会进行前期沟通,在镜头设计完成后,按照摄影师对于本片摄影技术指标的要求,以及拍摄地勘景气象条件,选择挂载的摄影机/镜头,按照云台+摄影机/镜头的载重需求选择航拍无人机。

拍摄地无人机航拍空管申请:根据剧组的拍摄计划进行空域申报,根据法规要求,无人机机组负责人至少持有无人驾驶航空器超视距驾驶员执照,在进行空域申报的过程中,除了向空管站递交一些必要的飞行材料及资质证明以外,还需要剧组配合出示有关证照,以保障整个拍摄过程的安全以及合法规范。

拍摄前试片:按照拍摄内容及指数指标要求拍摄试片小样,重点审查高速镜头、夜景镜头成像质量以及所选航拍器/摄影机/镜头是否达到拍摄方需求。

器材装箱、运输:器材一般由统一器材车运往拍摄地,路况多样,要保证器材不出问题。

到拍摄地整备:拍摄前期设备的统一调校、检查,电池充电,摄影机检查,云台检查。

飞行预演:拍摄前按照拍摄要求进行不带演员的走位彩排,将影像提供给导演/摄影师,待他们提出意见后改进。

实拍:按照飞行预演调整后的飞行方案与拍摄方案进行拍摄,同时,根据现场导演/摄影师要求,进行现场镜头创作。

交素材:当天拍摄完成后,将拍摄素材交给现场负责人或者摄影班助理,完成当天拍摄工作。

当天工作总结会:当天工作的总结,第二天工作的部署。

第二天拍摄整备:检查航拍系统硬件,动力电池充电,为第二天拍摄做准备。

4.4　无人机航拍作业中的经验分享

4.4.1　拍摄前的检查工作

1. 硬件方面

硬件方面,每个月都要对所有设备例行老化情况检查,并认真填好出入库检查单。航拍是高风险的应用领域,根据以往的经验,应在设备老化达到 60% 左右进行更换,避免出现安全问题。在无人机航拍作业中,拍摄前对于拍摄硬件的检查确认极为重要,是保证得到优质的空中拍摄效果的前提。

其中需要注意的是:

(1)图像传输系统如果在实拍环节受到干扰,导演/摄影指导无法实时收到空中拍摄信号,进而无法对拍摄进行指导,这在拍摄环节被视为拍摄事故。因此,在拍摄前,保障在拍摄过程中图像传输系统信号不被干扰的工作就显得格外重要。

(2)拍摄前期的准备工作中需要重点检查云台连接以及摄影机装载重心等问题,在拍摄前期要进行云台加载,以确保云台电动机工作正常。

（3）摄影机硬件检查也是拍摄前期不可或缺的工作之一，在每组航拍镜头拍摄完成之后，摄影机维护也是必不可少的，务必保证镜头成像不能出现灰尘等异物。

（4）监视器是最终画面的呈现，所以监视器校准调试也是非常重要的，监视器的亮度等指标要同现场监视器保持一致。

2. 软件方面

飞行器电子部分更新检查，至少每月定期检查、升级一次。

3. 消耗性配件保养

消耗性配件主要指锂电池。锂电池的应用在拍摄活动中无处不在，不但飞行器需要，摄影机、云台、监视器、图传等都需要电池供电，锂电池的保养也成为重要的一环。电池保养技巧如下。

不过充：锂聚电池充电的时候一定要有人看管，如果充电时间过长，要人工检查充电器是否出现故障，如果出现故障要尽快拔掉电池。锂聚电池过充，轻则影响电池寿命，重则直接出现爆炸起火。另外，充电时一定要按照电池规定的充电电容或更低的电容进行充电，不可超过规定充电电容。

不过放：宁可电池多买两块，也不要每次把电池用到超过容量极限。要充分利用电池报警器，一报警就应尽快降落。

不满电保存：充满电的电池，不能满电保存超过 3 天，如果超过一个星期不放掉，有些电池就直接鼓包了，有些电池可能暂时不会鼓，但几次满电保存后，电池可能会直接报废。因此，正确的方式是，在接到飞行任务后再充电。如在三个月内没有使用电池，将电池充放电一次后继续保存，这样可延长电池寿命。电池保存应放置在阴凉的环境中，长期存放电池时，最好能放在密封袋中或密封的防爆箱内，建议环境温度为 10～25 ℃，且干燥、无腐蚀性气体。

不损坏外皮：电池的外皮是防止电池爆炸和漏液起火的重要结构，锂聚合物电池的铝塑外皮破损将会直接导致电池起火或爆炸。

不短路：短路往往发生在电池焊线维护和运输过程中。短路会直接导致电池打火爆炸。运输时每个电池都单独套上自封袋并置于防爆箱内，防止在运输过程中，因颠簸和碰撞导致某片电池的正极和负极同时碰到其他导电物质而短路或破皮而短路。

不着凉：低温对电池的损伤也是不可逆转的，在低温环境下电压下降会非常快，报警一响立即降落。要给电池做保温处理，在起飞之前电池要保存在温暖的环境中，比如说房屋内、车内、保温箱内等。要起飞时快速安装电池，并执行飞行任务。在低温飞行时尽量将时间缩短到常温状态的一半，以保证安全飞行。

为保证飞行安全，大型航拍器的电池，建议在厂家给出的极限标准的一半的时候进行更换。

4.4.2 提高飞行技术

航拍飞行，尤其是我们所说的商业航拍飞行，对飞行技术的要求是极为严格的。

拥有飞行执照,是成为商业航拍飞行机师的前提条件,飞行机师的飞行技术最好的提升方法是参加国际性的飞行比赛来锻炼自己。飞行没有诀窍,多训练,练好手眼心的配合,尽量少地去依赖电子辅助,只有这样,当出现紧急情况的时候,你储备的飞行经验才能够尽可能地避免事故的发生,降低事故造成的损失。

通常,在剧组拍摄时,会有大量工作人员以及群众演员在现场,起飞降落都不会有练习的时候那样绝对的空场地,在环境复杂情况下起飞降落时,地勤人员的引导及观察的作用极为重要,因此,在平时训练中,团队配合尤为重要,拍摄时,团队中每位成员除了做好自己的工作外,更要"眼观六路,耳听八方",提高整体对紧急情况的预判敏感性,为安全作业提供更有力的保障。

熟悉第一视角的飞行模式,对航拍飞行技术的提升也有很大帮助。第一视角飞行是驾驶舱内的视角,第一视角对飞行的轨迹变化有着很好的辅助作用,看着屏幕飞的难度是非常大的,但是第一视角带来的速度感与穿梭感,是第三视角飞行无法比拟的,掌握多旋翼第一视角航拍飞行技术,能极大地弥补多旋翼飞行器自身的局限性,极大地提升无人机航拍飞行水平。

4.5　其他需要注意的细节

无人机航拍除了做好拍摄前的检查工作、提高飞行技术外,还需要注意以下细节。

1. 影视行业的工作时间

在外景天气受限,要"抢戏"的时候,拍戏日工作时间会超过一个班次,也就是 8 小时,因而要注意安排好团队的休息。在拍摄前期要与剧组制片沟通好,要对项目每天的工作量有预估,想好对策,保证飞行安全。

2. 过硬的摄影方面的技能

对于空中摄影师来说,推拉摇移的镜头运动一个也不会少,要想做个合格的空中摄影师,必须经过专业的摄影培训,就如同飞行机师拿到飞行执照一样。另外空中摄影师最好也会飞行技术,这样更有利于拍摄。拍摄是一门非常高深的技术,但可以通过参照大量优秀影片航拍画面进行镜头模仿。比如《碟中谍》系列、《速度与激情》系列中的特技拍摄镜头,参考镜头语言、叙事方式带来的镜头运动方式与构图,多去实践,积累经验。

3. 航拍摄影师前期后期都要懂

对于空中摄影师来说,一定得是个多面手,熟悉影视制作的各个流程,才能更好地站在拍摄角度想问题。我们对拍摄质量的要求,不是现场有多少条视频通过了,而是从后期剪辑上看有多少条视频能用。因此,必要的后期剪辑知识也是空中摄影师需要具备的基本功之一。

要想成为航拍高手需要学习的地方还很多。希望更多同学立志于去深耕这个行业,我们现在是无人机航拍大国,未来一定要成为无人机航拍强国。让我们为拍摄出世界顶级的无人航空作品而不懈努力。

附:Flying-Cam 无人机航拍公司介绍

1988 年成立的 Flying-Cam 公司是全球第一家利用无人航拍系统(UASs)提供专业近距离航拍电影服务的公司。其服务的电影有《007》系列、《哈利波特》系列、《碟中谍》系列、《权力的游戏》第七季、《赤壁》、《满城尽带黄金甲》(见图 4-13)、《风声》、《唐山大地震》等,Flying-Cam 一直采用的是无人直升机为基础机型航拍,它的头挂式一体云台有点类似我们现在的光电吊舱,自由旋转,无遮挡,无死角,与大疆的云台方式很不同,当然,Flying-Cam 的无人航拍系统售价也是极为昂贵的。时至今日,Flying-Cam 仍是"不可能完成的空中特技镜头"的代名词。

图 4-13　电影《满城尽带黄金甲》航拍剧照

习题

1. 什么是第一视角(FPV)飞行器?

2. 无人机航拍的定义是什么?

3. 多旋翼航拍无人机有哪些优点?

第5章

无人机安防

WURENJI ANFANG

安防即安全防范。《现代汉语词典》的解释,所谓安全,就是"没有危险;平安";所谓防范,就是"防备、戒备",而防备是指做好准备以应付攻击或避免受害,戒备是指防备和保护。综合上述解释,可以给安防做出如下定义:做好准备和保护,以应付攻击或者避免受害,从而使被保护对象处于没有危险、不受侵害、不出现事故的安全状态。显而易见,安全是目的,防范是手段,通过防范的手段达到或实现安全的目的,就是安全防范的基本内涵。

5.1 人力防范、实体防范和技术防范

人力防范、实体防范和技术防范是安全防范的三个范畴。人力防范、实体防范是安全防范的基础,顾名思义就是通过人力、物力进行安全防范。技术防范则是通过现代科学技术进行安全防范。

5.1.1 人力防范

基础的人力防范是利用人们自身的传感器(眼、手、耳等)进行探测,发现妨害或破坏安全的目标,作出反应;用声音警告,恐吓,设障,武器还击等手段来延迟或阻止危险的发生,在自身力量不足时还要发出求援信号,以期待作出进一步的反应,制止危险的发生或处理已发生的危险。

人力防范如巡逻巡视、应急处理、值班警卫等(见图 5-1)。

图 5-1 人员巡逻

5.1.2　实体防范

实体防范的主要作用在于推迟危险的发生,为"反应"提供足够的时间。现代的实体防范,已经不是单纯的物质屏障的被动防范,而是越来越多地采用高科技的手段,一方面使实体屏障被破坏的可能性变小,推迟危险的发生;另一方面也使实体屏障本身增加探测和反应的功能。

实体防范的设施如警棒、高光手电、外墙、铁丝网(见图 5-2)等实物。

图 5-2　铁丝围墙

5.1.3　技术防范

技术防范手段可以说是人力防范手段和实体防范手段功能的延伸和加强,是对人力防范和实体防范在技术手段上的补充和加强。技术防范要融入人力防范和实体防范之中,使人力防范和实体防范在探测、延迟、反应三个基本要素中间不断增加高科技含量,不断提高探测能力、延迟能力和反应能力,使防范手段真正起作用,以达到预期目的。

技术防范如监控系统、门禁系统、AI 人脸识别系统(见图 5-3)、指纹识别等。

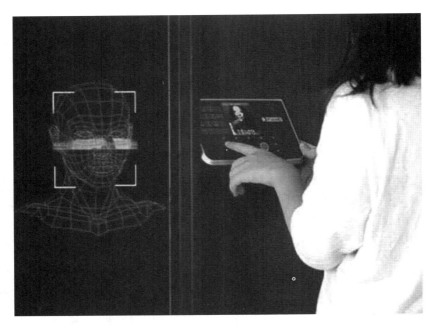

图 5-3　AI人脸识别门禁系统

5.2　无人机立体安防

无人机立体安防,指利用无人机等现代设备技术,通过远程监控、云端技术等现代软件技术,打破地理限制,形成空中、地面和水中全方位无死角的安防技术。

由于科技条件的限制,传统安防业务的覆盖范围比较局限于人力所能触及区域。在水域、山林等面积大、进入难、情况复杂的地形中,安防效率会大大降低。在恶劣的气候中,安防能力也会极大地被削弱。为了补足这些缺陷,不少安保企业开始引入安保无人机,来克服传统人力防范在运作范围、运作时间和运作效率上的缺陷,力图打造全方位、全时段的立体安防体系。

无论是形形色色的无人机,还是功能多样的机器人,其作业基础都是联通一切、整合一切、控制一切的云端智能安保平台。在这一平台上,安保管理人员参考平台实时反馈,并通过大数据技术整合过的相关信息,对安保体系做出具体决策,平台系统功能犹如大脑。而在"大脑"的指挥下,无数的无人机犹如无数只手脚和无数只耳目,在全空间、全天候、全时段与保安人员协作,执行具体的安保任务。最后再将执行任务的情况实时反聩给决策者,完成信息、决策、处理的三步循环。在互联网云端技术和大数据技术的不断进步下,智能安保体系的运作过程将越来越像生物一般,迅速、协调、自然。而在无人机等硬件技术的不断普及下,智能安保体系的工作范围将越来越精细、立体、多样。

5.2.1　无人机安防优势

无人机是一种有动力、可控制、能携带多种任务设备、执行多种任务，并能重复使用的无人驾驶航空器。无人机系统通常由飞行器平台子系统、数据链子系统、地面站子系统、任务负载子系统几大部分组成，如图 5-4 所示。图 5-5 所示为山河"雷霆"无人机系统。

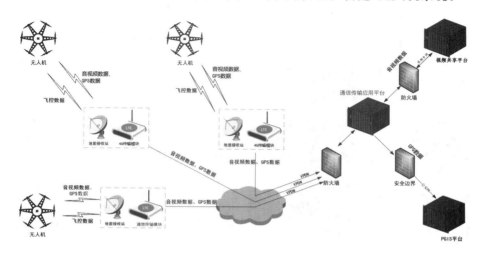

图 5-4　无人机整体系统

图 5-5　山河"雷霆"无人机系统

其中，飞行器平台子系统搭载任务负载，在飞行控制器的控制下在空中飞行；飞行控制器通过数据链子系统接收来自地面站子系统的指令；地面站子系统与数据链子系统相结合，完成无人机飞行控制指令下达与传输、无线数据接收、飞行参数信息与实时图像信息的处理与显示等功能。

多旋翼无人机是近年来发展较快的一种新型无人机,该机具有体积小、重量轻、能垂直起飞、维护成本低廉、操作简单,噪声小等优点,搭配飞行控制系统以及合适的任务负载可轻松完成空中巡检、道路勘探、应急抢险等任务(见图 5-6),比较适合目前人工智能发展的需求。

应急救援　　　　　　　　　　　　电力巡检

警用安防　　　　　　　　　　　　环境监测

图 5-6　无人机的综合应用

不同于人防,无人机在实际安防执行过程中,主要有以下的几个突出的优势。

(1)居高临下。无人机可以鸟瞰整个区域的实时情况及人员有关活动,有利于区域安全的有效管控,并可以在出现特殊情况时及时执行指挥命令和正确疏导。同时与载人通用飞机、载人直升机相比,无人机可以飞得更低,更接近目标区域,观察得更加清楚。如图 5-7所示为大疆经纬 M210 无人机。

图 5-7　大疆经纬 M210 无人机

（2）长留空。无人机的留空时间长,且空中飞行一般以直线飞行为主,不用考虑地面交通障碍。目前无人机的飞行燃料以锂聚合物电池为主,具备良好的电能储备,为无人机的长时间飞行提供有效保障。能源科技正不断发展,太阳能、燃油混合、氢燃料等新能源科技的诞生,为无人机的长效续航飞行提供强有力的支撑。图 5-8 所示为中国航天科技集团公司第十一研究院研发的彩虹太阳能无人机。

图 5-8　彩虹太阳能无人机

（3）高效率。无人机因为具有体积小、便捷性高的特点,所以在飞行前的地勤和机务准备时间短,可随时出动,而且出动的场地限制要求很低,这与载人通用飞机、载人直升机,或其他交通工具相比,具有低投入、高效益,且就方便性而言,能在最大程度上契合安防工作的需求。如图 5-9 所示为无人机安防协同作业示意图。

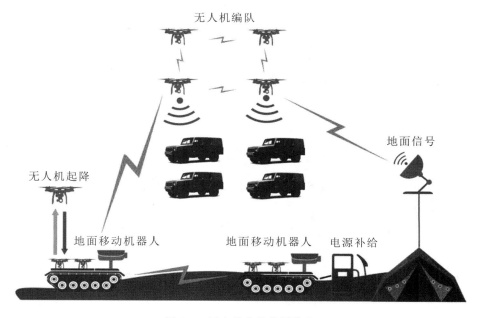

图 5-9　无人机安防协同作业

（4）低风险。经过长时间的发展，目前无人机技术已经相对成熟。从生产配件的品控、研发的设计到实际使用的飞控调试，都已经趋于完善，为无人机的安全飞行提供有效的技术支撑。在参与安防巡查的过程中，无人机能够在较为恶劣的天气情况下或者是受到有关施工环境限制下执行一些带有一定危险性的巡查任务等（见图5-10）。据安防工作的经验表明，无人机在特定复杂环境下的安防巡查，确实具有载人通用飞机、载人直升机，或其他交通工具无可比拟的安全性及便捷性优势。

图 5-10　普宙消防侦察无人机执行消防侦察任务

（5）以少替多。无人机在安防执法的过程中能够以较少的架数代替较多的地面执法人员完成同样的任务，并且在完成同样任务的情况下，能在最大程度上避开因人自身视野或外在条件限制对安防事项的不利影响，有助于节省人力和降低劳务成本的基础上，保证安防工作的准确实施。如图5-11所示为在城市上空执行任务的易瓦特侦察无人机。

图 5-11　易瓦特侦察无人机

（6）机动灵活。在安防执法中无人机既能够飞行在范围区域内各个交通路段和城市立交桥之上（见图5-12），又能穿行在高楼大厦之间，甚至可以在无人机地面站的辅助作用下穿行于各个正在进行施工的建筑工地现场进行安全排查和施工记录，运用其自身特点表现出特有的灵活性和机动性。

图 5-12　无人机城市交通执法

（7）治安防范。无人机在参与安防巡查时,既能对有关的突发性事件如交通肇事逃逸车辆紧追不舍进行取证,又能对肇事逃逸者实时发出相应的警告,然后择机应对,必要时甚至可以采用施放催泪瓦斯、及时在空中设置针对性的交通阻碍等手段将有关的突发情况在第一时间内控制住(见图 5-13)。

图 5-13　警用无人机

（8）数据可查。面对大区域的安防执法工作,每天所要面对的各种各样的复杂情况更是数不胜数,而安防工作讲究就有关数据要进行存档并做数据分析便于安全隐患的排查预防。无人机在安防巡查的过程中,通常使用超视距飞行,飞行端始终与地面站计算机端相连接。无人飞行器在整个巡查飞行过程中的所有视频画面,将实时传输到地面计算机端并储存,可通过软件平台做数据统计分析,这样对于后期安全隐患排查及园区有关规划提供了很大的便捷。在储存记录能力及后期数据分析方面,是使用人防绝对达不到的效果。如图 5-14 所示为"zf-300"手提式无人机视频监测站。

图 5-14 "zf-300"手提式无人机视频监测站

5.2.2 多旋翼无人机系统安防应用场景

多旋翼无人机系统作为空中飞行平台,具备易操纵、灵活度高和环境适应能力强等优点,能够在监控巡逻、搜索跟踪、抢险救灾、消防救险等任务执行过程中发挥重要作用,可成为安防管理过程中提高快速反应能力的重要手段和构建安防信息化体系的重要组成部分。

目前无人机安防很广泛用于数字城市、城市规划、国土资源调查、土地调查执法、矿产资源开发、森林防火监测、防汛抗旱、环境监测、边防监控、军事侦察和警情消防监控等行业,以及其他可以用到无人机作业的特种行业(见图 5-15)。

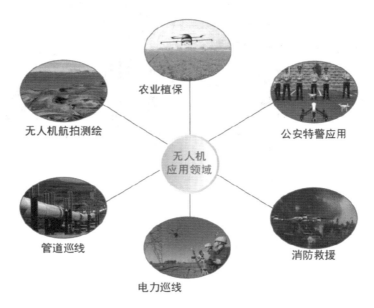

图 5-15 无人机综合安防

5.3 新型无人机安防

5.3.1 5G+无人机

在安防场景中,需要无人机实现高清视频实时传输、远程控制等功能,这些功能都需要网络连接来支撑。具体来说,无人机安防监控的典型网络需求包括:实时视频传输(多路)、飞行状态监控、远程操控以及网络定位,当前安防业务通常使用 1080P 视频实时传输,随着安防业务对视频清晰度要求的逐渐提升,需要实现 4K、8K 高清视频的实时传输,对 5G 网络提出上行 30～120 Mbps 的传输速率需求,时延方面,在未来远程操控时延要求 100 ms 以下,对应的无线网络时延要求约为 20 ms,对未来网络建设能力提出更高要求。5G 网络的大带宽、低时延实时视频流回传至控制中心,融合 AI 深度学习能力,快速视频分析实现多手段的目标锁定及实时跟踪监控,控制中心能通过 5G 网络向无人机飞行控制系统发送控制指令,极大地提升传统无人机用于安防场景的效率。方案实现示意图如图 5-16 所示。

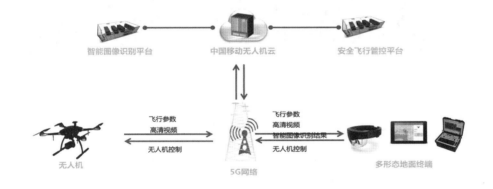

图 5-16 基于 5G 的无人机城市安防系统

无人机与 5G 结合实现多种功能,达到全方位无死角的安防布控:

一是控制中心人员通过 VR 眼镜实时观看 4K 高清视频,实现与地面安防设备的同步联动,优势互补,最大化安防设备的场景能力。

二是控制中心人员通过 VR 眼镜、PAD 等地面控制终端,经由 5G 网络远程控制无人机机载摄像头的转向、无人机的飞行状态及路线,进一步追踪、锁定目标。

三是无人机对突发安防场景问题的预判以及对自动识别的目标进行自动跟踪。通过智能无人机飞行平台以及 5G 蜂窝网络能力的有效引入,促进了传统安防产业像空地一体化协同作战的方向转型以及多场景安防能力的智慧升级,必将作为一种新型的安防解决方案模式得到更加广泛的应用,从而促进传统安防服务商的智慧升级,带动整个产业的发展。

5.3.2 无人机＋智慧软件平台

智慧园区安防管理工作一直是政府部门工作的重点,也是所有工作的底线和红线。传统的安防手段主要是人防(人员巡逻)和技防(摄像头监控),人员巡逻劳动强度大,摄像头有盲区无法全面监控。将无人机巡防此类新型技防手段引入智慧园区安全管理可以弥补传统人员巡逻和视频监控的不足,实现空地一体的数据安防结合,有效提升园区安全管理水平。

采用无人机结合 GIS 智慧软件管理平台(见图 5-17),增强园区安全保障信息化服务水平,打造"平安智慧园区"新模式。

图 5-17　平台整体界面

智慧园区可视化信息管理平台能实现多种功能,达到全方位高效率的管理:

(1) 能实现飞行航线、拍摄范围与拍摄视频的同步展示;

(2) 能实现在地图任意可疑位置进行标注并创建派遣工单;

(3) 具有已存储的视频的不同数据对比、历史数据查询及大数据分析等功能。

5.3.3 无人机园区飞行作业

目前,在一些园区一般都采用巡逻人员定时定点的巡视检查。传统的巡更,由于部分巡逻人员会缺乏责任感,不按照指定时间地点进行巡逻,管理中心又缺少相应的巡更数据,以致无法对巡更工作进行有效的监督,且工作量大,人员成本高,效率低。

无人机在园区低空巡查方面有着得天独厚的优势,相较于传统巡查方式,无论是在便捷性还是节约成本方面都有很大程度的提升。具体优势如下。

(1) 通过高空飞行拍摄实时画面,可以弥补园区巡查人员人工视角的狭隘,能够及时、精准地抓拍到一些建筑物或其他植被所存在的安全隐患,通过这种高空立体的巡查方式,可以让园区的整体情况一览无遗,省时、省力且高效。

(2) 利用无人机低空大视角优势,可以对园区内某些无法进入且造成一定污染的建筑工地进行航拍取证,如对渣土车的抛洒滴漏、建筑垃圾的随意倾倒进行监管。在园区内根据渣土车的路线跟踪拍摄,及时反馈。

（3）园区管理工作繁杂,人力物力紧缺,部分人存在侥幸心理,认为百密总有一疏。通过无人机全方位、无死角、无局限性地拍摄,定能对违规行为形成高压态势,有利于源头治理,让园区管理工作变得更加快捷高效。

随着时代的发展,人们的生活水平以及精神层面的需求不断的提高,对于自身的所处环境的要求也越来越高,智慧园区与智慧安防的概念随即产生。无人机切合实际发展的需求,对智慧园区的建设与巡检发挥了重要作用,其轻巧便捷的特点在园区巡查作业中发挥重要作用,拍摄效果更为立体、清晰,如图 5-18 所示。

图 5-18　无人机园区交通巡视

作为智慧园区的重要组成部分,光有巡视监控录像远远不够,作为智慧的体现,现代无人机可以结合有关的载荷及后期的数据平台处理功能,超前进行园区建设预规划,如图 5-19 所示。

图 5-19　智慧园区预规划

习题

1. 无人机安防优势是什么？

2. 无人机与 5G 技术的结合能带来什么应用？

3. 无人机是怎样进行立体安防的？

4. 无人机系统安防的应用场景有哪些？

第6章

无人机相关政策与机构

WURENJI XIANGGUAN ZHENGCE YU JIGOU

古人云:不以规矩不成方圆。对于任一行业而言,都有相关的政策法规来约束,它既是一种约束,更是一种保障。比如日常驾驶汽车,我们必须取得驾驶证,遵守相应的交通法规,我们自身的安全和周围环境的安全才能得到保障。

无人机也一样,必须通过一定的飞行培训从而获得相应的飞行技能,才能保障飞行的安全和行业的规范,如果没有一个通过健全的法律法规建立的良好的飞行环境,在这样的条件下进行的飞行是非常危险和不规范的,也就是我们平常所说的"黑飞"(见图 6-1)。

图 6-1　无人机黑飞

为了加强对民用无人机飞行活动的管理,规范空中交通,保证民用航空活动的安全,2009 年以来,民航主管部门颁布了多个管理文件。2013 年出台的《民用无人驾驶航空器系统驾驶员管理暂行规定》指出,由中国航空器拥有者与驾驶员协会(AOPA-China)负责民用无人机的相关管理。只有明确了有关的管理机制,我们的管理工作才能更好地进行。无人机飞手职业证件的发证机构目前共有 4 家,如:民航局、AOPA-China、ASFC、大疆慧飞。每个机构发放的无人机证件考试难度、行业影响度,以及技能掌握方向、等级划分都不一样,下面详细讲解每个机构与对应证件的关系。

6.1　中国航空器拥有者及驾驶员协会

中国航空器拥有者及驾驶员协会(AOPA-China)是国际航空器拥有者及驾驶员协会(IAOPA)的中国分支机构,是 IAOPA 在中国(包括台湾、香港、澳门)的唯一合法代表。中国航空器拥有者及驾驶员协会于 2004 年 8 月 17 日在中国国家民政部登记注册,是由中国民用航空局业务指导,代表中国私用航空器拥有者及驾驶员利益,接受国际航空器拥有者及驾驶员协会监督、指导及相关规章约束的全国性社团组织,其标识如图 6-2 所示。

图 6-2　中国航空器拥有者及驾驶员协会

6.1.1　中国航空器拥有者及驾驶员协会的发展经历

2004 年 8 月,经国务院批准,AOPA-China 于广东省中山市成立。于延恩任理事长。

2008 年 3 月,AOPA-China 从广东省迁往北京市,并正式开始运作。

2010 年 4 月,第二届理事会召开,于延恩任理事长,于振发、张峰任副理事长。

2010 年 4 月,AOPA-China 网站上线。

2010 年 7 月,首届会员沙龙在北京创办。

2011 年 1 月,首届 AOPA-China 新春之夜在北京和平宾馆举行。

2011 年 2 月,参与制定北京市"十二五"通用航空产业发展规划。

2011 年 3 月,AOPA-China 桥牌联赛在北京举行。

2011 年 9 月,北京市批准启动 AOPA-China 雏鹰计划。

2011 年 11 月,AOPA-China 与中国航空报社、珠海航展公司签订战略合作协议。

2012 年 2 月,AOPA-China、中国航空运输协会、首都公务机公司、通用国际广告会展公司签订战略合作协议,共同打造中国国际通用航空博览会品牌。

2012 年 3 月,启动国际飞行基地项目。

2012 年 4 月,AOPA-China 率团赴南非参加 IAOPA 第 26 届国际会员大会,成功申办第 27 届大会。

2012 年 5 月,AOPA-China 高尔夫联谊赛在北京举行。

2012 年 5 月,AOPA-China 三亚办事处成立。

2012 年 5 月,第二届理事会第三次会议举行,张峰当选副理事长兼秘书长。

2012 年 7 月,AOPA-China 主办的第一届青少年航空主题夏令营举行。

2012 年 8 月,首届 AOPA 国际飞行大会在沈阳法库举行,首次展出了试验类航空器。

2012 年 8 月,AOPA-China 国际通用航空展览会在上海浦东新区举行。

2012 年 10 月,出版《AOPA 教你学之飞行法规漫画精编》。

2013 年 1 月,AOPA-China 副理事长郝建华成功当选 IAOPA 副理事长,任亚洲区负责人,IAOPA 亚洲区总部将迁往中国。

2013 年 4 月,第三届理事会召开。推举乔清晨为名誉理事长,选举李文新为理事长。成立协会顾问委员会。

AOPA-China 作为国际性的专业无人机管理考核机构,伴随自身的发展,其影响力也在不断增大,有关的管理机制也在不断完善。AOPA-China 组织结构图如图 6-3 所示。

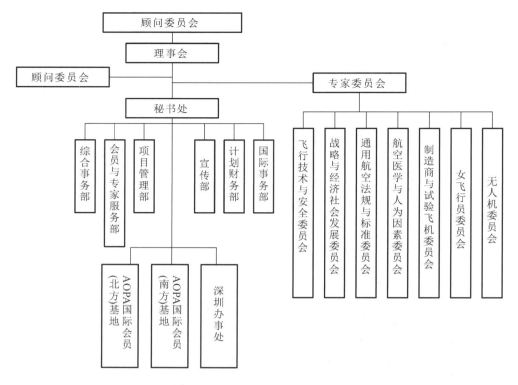

图 6-3　AOPA-China 组织结构图

6.1.2　AOPA-China 合格证证件

AOPA-China 为中国民航局下属协会,AOPA 训练机构合格证与飞手合格证由协会无人机管理办公室颁发。通过培训与考试后,AOPA-China 给学员颁发"民用无人驾驶航空器驾驶员合格证"(AOPA 合格证、机长证)。AOPA 合格证的培训内容、考试内容偏向于航空基础理论、飞行基本功,整体考证难度较高。

证件类型按照机型划分,共有多旋翼、单旋翼、固定翼、飞艇等多种机型的驾驶员合格证;随着技术发展,又衍生出垂直起降固定翼、倾转翼等特殊机型的驾驶员合格证。根据行业区别,特地划分出"植保飞手证"。

其中持证人数与培训难度、行业需求(机型适用范围)相关:拥有多旋翼机型的人数最多,占总人数的 80% 以上;其次为固定翼与单旋翼,因训练、考试难度大,机型适用范围有限,持证人数较少;飞艇、倾转与垂起为特殊机型,持证人数更少。

证件分三个等级,分别为视距内驾驶员(驾驶员)、超视距驾驶员(机长)、教员。括号内文字为原规定等级名称,2017 年规定更新后修改为新的等级名称。

视距内驾驶员(驾驶员)为合格证最初等级,其次为超视距驾驶员(机长)。两个等级在行业中使用的范围、权限、功能基本相同,但超视距驾驶员(机长)为考取教员等级的基本条件。教员等级为培训机构申请资质的条件之一,需持超视距驾驶员合格证飞行时间满 100 h,经过培训考试后方可拿证。

所有证件有效期为 2 年,自发证日期开始计算。视距内驾驶员与超视距驾驶员可以使用"优云盒子"累计飞行时间,满 100 h 则免考过审,教员必须通过年审,报名考试合格方可续期。

2018 年 9 月 1 日后,所有持 AOPA-China 合格证人员均获得由民航局发放的云执照。之后,AOPA-China 合格证与民航局无人机云执照分别由 AOPA-China 协会和民航局分开管理,但考试可同时进行。目前,AOPA-China 合格证年审系统已重新开放,民航局云执照暂未开放年审。

AOPA-China 驾驶员合格证如图 6-4 所示。

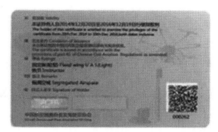

图 6-4　AOPA-China 驾驶员合格证

6.1.3　AOPA 培训机构

自实行无人机实名登记以来,实名登记无人机的数量增长迅速。

截止到 2019 年 6 月 30 日,我国无人驾驶航空器实名登记数为 33.7 万架。有关无人机驾驶员执照相关的情况则是,截至 2019 年 5 月 23 日,已颁发无人机驾驶员执照 50569 本。与此同时,共有包括 5378 家企业在线取得了无人机经营许可证(截至 2019 年 5 月 23 日数据)。

民用无人机驾驶员地区分布如图 6-5 所示。

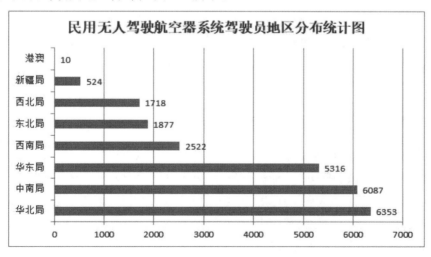

图 6-5　驾驶员地区分布统计

随着无人机数量的爆发式增长,有关的无人机培训考取合格证的需求也在不断的增加,所以培训机构也在不断的增加。截至 2019 年 12 月 31 日,全国共 422 家无人机驾驶员训练机构经中国 AOPA 审定合格取得过培训资质,其中暂停运营或注销 132 家,290 家无人机驾驶员训练机构具备培训资质。2014 年民用无人机驾驶员训练机构仅为 18 家,经过近些年的努力,培训机构数据的增长有目共睹。

6.2 其 他 机 构

6.2.1 中国航空运动协会

中国航空运动协会（Aero Sports Federation of China，ASFC)成立于 1964 年 8 月,下设航空模型、飞行、气球、跳伞、悬挂滑翔及滑翔伞、模拟飞行六个项目委员会。ASFC 是具有独立法人资格的全国性群众性体育组织,是中华全国体育总会的团体会员,协会标识如图 6-6 所示。

图 6-6 中国航空运动协会标识

ASFC 发放的证件为"遥控航空模型飞行员执照",需通过训练考核获得,考核内容侧重实操,且高等级证件考试难度高于 AOPA 证。目前,ASFC 证因考试难度较高、不具备无人机飞行的法律效应,持证人数较少,在行业内的认可度低于 AOPA 证,一般持证人为航模发烧友。

ASFC 证根据所使用的机型不同,分为遥控固定翼(A 类)执照、遥控直升机(C 类)执照、遥控多旋翼飞行器(X 类)执照等类型;根据飞行动作技术难度,分为初级(八、七、六级)执照、中级(五、四、三级)执照、高级(二、一、特级)执照。

6.2.2 慧飞无人机应用技术培训中心

慧飞无人机应用技术培训中心(Unmanned Aerial Systems Training Center,UTC)是全球无人机领军企业大疆创新 DJI 的全资子公司,为客户提供无人机培训服务。

慧飞 UTC 培训标准由大疆 DJI 联合中国航空运输协会通用航空分会、中国成人教育协会航空服务教育培训专业委员会拟定,联合颁布证书名称为"UTC 无人驾驶航空器系统操作手合格证"。图 6-7 所示为慧飞无人机应用培训中心的标识。

图 6-7　慧飞无人机应用培训中心标识

6.2.3　中国航空运输协会

中国航空运输协会(China Air Transport Association，CATA)简称中国航协，成立于 2005 年 9 月 9 日，是依据我国有关法律规定，经中华人民共和国民政部核准登记注册，以民用航空公司为主体，由企、事业法人和社团法人自愿参加组成的、行业性的、不以营利为目的的全国性社团法人。

附 录

无人机相关法规文件

WURENJI XIANGGUAN FAGUI WENJIAN

附录 A 轻小无人机运行规定(试行)

(编号:AC-91-FS-2015-31)

1. 目的

近年来,民用无人机的生产和应用在国内外蓬勃发展,特别是低空、慢速、微轻小型无人机数量快速增加,占到民用无人机的绝大多数。为了规范此类民用无人机的运行,依据 CCAR-91 部,发布本咨询通告。

2. 适用范围及分类

本咨询通告适用范围包括:

2.1　可在视距内或视距外操作的、空机重量小于等于 116 千克、起飞全重不大于 150 千克的无人机,校正空速不超过 100 千米每小时;

2.2　起飞全重不超过 5700 千克,距受药面高度不超过 15 米的植保类无人机;

2.3　充气体积在 4600 立方米以下的无人飞艇;

2.4　适用无人机运行管理分类:

分类	空机重量/千克	起飞全重/千克
Ⅰ	0<W≤1.5	
Ⅱ	1.5<W≤4	1.5<W≤7
Ⅲ	4<W≤15	7<W≤25
Ⅳ	15<W≤116	25<W≤150
Ⅴ	植保类无人机	
Ⅵ	无人飞艇	
Ⅶ	可 100 米之外超视距运行的Ⅰ、Ⅱ类无人机	

注 1:实际运行中,Ⅰ、Ⅱ、Ⅲ、Ⅳ类分类有交叉时,按照较高要求的一类分类。

注 2:对于串、并列运行或者编队运行的无人机,按照总重量分类。

注 3:地方政府(例如当地公安部门)对于Ⅰ、Ⅱ类无人机重量界限低于本表规定的,以地方政府的具体要求为准。

2.5　Ⅰ类无人机使用者应安全使用无人机,避免对他人造成伤害,不必按照本咨询通告后续规定管理。

2.6　本咨询通告不适用于无线电操作的航空模型,但当航空模型使用了自动驾驶仪、指令与控制数据链路或自主飞行设备时,应按照本咨询通告管理。

2.7　本咨询通告不适用于室内、拦网内等隔离空间运行无人机,但当该场所有聚集人群时,操作者应采取措施确保人员安全。

3. 定义

3.1　无人机(UA：unmanned aircraft)，是由控制站管理(包括远程操纵或自主飞行)的航空器，也称远程驾驶航空器(RPA：remotely piloted aircraft)。

3.2　无人机系统(UAS：unmanned aircraft system)，也称远程驾驶航空器系统(RPAS：remotely piloted aircraft systems)，是指由无人机、相关控制站、所需的指令与控制数据链路以及批准的型号设计规定的任何其他部件组成的系统。

3.3　无人机系统驾驶员，由运营人指派对无人机的运行负有必不可少责任并在飞行期间适时操纵无人机的人。

3.4　无人机系统的机长，是指在系统运行时间内负责整个无人机系统运行和安全的驾驶员。

3.5　无人机观测员，由运营人指定的训练有素的人员，通过目视观测无人机，协助无人机驾驶员安全实施飞行。

3.6　运营人，是指从事或拟从事航空器运营的个人、组织或者企业。

3.7　控制站(也称遥控站、地面站)，无人机系统的组成部分，包括用于操纵无人机的设备。

3.8　指令与控制数据链路(C2：command and control data link)，是指无人机和控制站之间为飞行管理之目的的数据链接。

3.9　视距内(VLOS：visual line of sight)运行，无人机驾驶员或无人机观测员与无人机保持直接目视视觉接触的操作方式，航空器处于驾驶员或观测员目视视距内半径500米，相对高度低于120米的区域内。

3.10　超视距(BVLOS：beyond VLOS)运行，无人机在目视视距以外的运行。

3.11　融合空域，是指有其他航空器同时运行的空域。

3.12　隔离空域，是指专门分配给无人机系统运行的空域，通过限制其他航空器的进入以规避碰撞风险。

3.13　人口稠密区，是指城镇、村庄、繁忙道路或大型露天集会场所等区域。

3.14　重点地区，是指军事重地、核电站和行政中心等关乎国家安全的区域及周边，或地方政府临时划设的区域。

3.15　机场净空区，也称机场净空保护区域，是指为保护航空器起飞、飞行和降落安全，根据民用机场净空障碍物限制图要求划定的空间范围。

3.16　空机重量，是指不包含载荷和燃料的无人机重量，该重量包含燃料容器和电池等固体装置。

3.17　无人机云系统(简称无人机云)，是指轻小型民用无人机运行动态数据库系统，用于向无人机用户提供航行服务、气象服务等，对民用无人机运行数据(包括运营信息、位置、高度和速度等)进行实时监测。接入系统的无人机应即时上传飞行数据，无人机云系统对侵入电子围栏的无人机具有报警功能。

3.18　电子围栏，是指为阻挡即将侵入特定区域的航空器，在相应电子地理范围中画出特定区域,并配合飞行控制系统、保障区域安全的软硬件系统。

3.19 主动反馈系统,是指运营人主动将航空器的运行信息发送给监视系统。

3.20 被动反馈系统,是指航空器被雷达、ADS-B 系统、北斗等手段从地面进行监视的系统,该反馈信息不经过运营人。

4. 民用无人机机长的职责和权限

4.1 民用无人机机长对民用无人机的运行直接负责,并具有最终决定权。

4.1.1 在飞行中遇有紧急情况时:

a. 机长必须采取适合当时情况的应急措施。

b. 在飞行中遇到需要立即处置的紧急情况时,机长可以在保证地面人员安全所需要的范围内偏离本咨询通告的任何规定。

4.1.2 如果在危及地面人员安全的紧急情况下必须采取违反当地规章或程序的措施,机长必须毫不迟疑地通知有关地方当局。

4.2 机长必须负责以可用的、最迅速的方法将导致人员严重受伤或死亡、地面财产重大损失的任何航空器事故通知最近的民航及相关部门。

5. 民用无人机驾驶员资格要求

民用无人机驾驶员应当根据其所驾驶的民用无人机的等级分类,符合咨询通告《民用无人驾驶航空器系统驾驶员管理暂行规定》(AC-61-FS-2013-20)中关于执照、合格证、等级、训练、考试、检查和航空经历等方面的要求,并依据本咨询通告运行。

6. 民用无人机使用说明书

6.1 民用无人机使用说明书应当使用机长、驾驶员及观测员能够正确理解的语言文字。

6.2 V类民用无人机的使用说明书应包含相应的农林植保要求和规范。

7. 禁止粗心或鲁莽的操作

任何人员在操作民用无人机时不得粗心大意和盲目蛮干,以免危及他人的生命或财产安全。

8. 摄入酒精和药物的限制

民用无人机驾驶员在饮用任何含酒精的液体之后的 8 小时之内或处于酒精作用之下或者受到任何药物影响及其工作能力对飞行安全造成影响的情况下,不得驾驶无人机。

9. 飞行前准备

在开始飞行之前,机长应当:

9.1 了解任务执行区域限制的气象条件;

9.2 确定运行场地满足无人机使用说明书所规定的条件;

9.3 检查无人机各组件情况、燃油或电池储备、通信链路信号等满足运行要求。对于无人机云系统的用户,应确认系统是否接入无人机云;

9.4 制定出现紧急情况的处置预案,预案中应包括紧急备降地点等内容。

10. 限制区域

机长应确保无人机运行时符合有关部门的要求,避免进入限制区域:

10.1 对于无人机云系统的用户,应该遵守该系统限制;

10.2 对于未接入无人机云系统的用户,应向相关部门了解限制区域的划设情况。不得突破机场障碍物控制面、飞行禁区、未经批准的限制区以及危险区等。

11. 视距内运行

11.1 必须在驾驶员或者观测员视距范围内运行;

11.2 必须在昼间运行;

11.3 必须将航路优先权让与其他航空器。

12. 视距外运行

12.1 必须将航路优先权让与有人驾驶航空器;

12.2 当飞行操作危害到空域的其他使用者、地面上人身财产安全或不能按照本咨询通告要求继续飞行,应当立即停止飞行活动;

12.3 驾驶员应当能够随时控制无人机。对于使用自主模式的无人机,无人机驾驶员必须能够随时操控。

12.3.1 出现无人机失控的情况,机长应该执行相应的预案,包括:

a. 无人机应急回收程序;

b. 对于接入无人机云的用户,应在系统内上报相关情况;

c. 对于未接入无人机云的用户,联系相关空管服务部门的程序,上报遵照以上程序的相关责任人名单。

13. 民用无人机运行的仪表、设备和标识要求

13.1 具有有效的空地 C2 链路;

13.2 地面站或操控设备具有显示无人机实时的位置、高度、速度等信息的仪器仪表;

13.3 用于记录、回放和分析飞行过程的飞行数据记录系统,且数据信息至少保存三个月(适用于Ⅲ、Ⅳ、Ⅵ和Ⅶ类);

13.4 对于接入无人机云系统的用户,应当符合无人机云的接口规范;

13.5 对于未接入无人机云系统的用户,其无人机机身需有明确的标识,注明该无人机的型号、编号、所有者、联系方式等信息,以便出现坠机情况时能迅速查找到无人机所有者或操作者信息。

14. 管理方式

民用无人机分类繁杂,运行种类繁多,所使用空域远比有人驾驶航空器广阔,因此有必要实施分类管理,依据现有无人机技术成熟情况,针对轻小型民用无人机进行以下运行管理。

14.1 民用无人机的运行管理

14.1.1 电子围栏

a. 对于Ⅲ、Ⅳ、Ⅵ和Ⅶ类无人机,应安装并使用电子围栏。

b.对于在重点地区和机场净空区以下运行Ⅱ类和Ⅴ类无人机,应安装并使用电子围栏。

14.1.2 接入无人机云的民用无人机

a.对于重点地区和机场净空区以下使用的Ⅱ类和Ⅴ类的民用无人机,应接入无人机云,或者仅将其地面操控设备位置信息接入无人机云,报告频率最少每分钟一次。

b.对于Ⅲ、Ⅳ、Ⅵ和Ⅶ类的民用无人机应接入无人机云,在人口稠密区报告频率最少每秒一次。在非人口稠密区报告频率最少每30秒一次。

c.对于Ⅳ类的民用无人机,增加被动反馈系统。

14.1.3 未接入无人机云的民用无人机

运行前需要提前向管制部门提出申请,并提供有效监视手段。

14.2 民用无人机运营人的管理

根据《民用航空法》规定,无人机运营人应当对无人机投保地面第三人责任险。

15.无人机云提供商须具备的条件

15.1 无人机云提供商须具备以下条件:

15.1.1 设立了专门的组织机构;

15.1.2 建立了无人机云系统的质量管理体系和安全管理体系;

15.1.3 建立了民用无人机驾驶员、运营人数据库和无人机运行动态数据库,可以清晰管理和统计持证人员,监测运行情况;

15.1.4 已与相应的管制、机场部门建立联系,为其提供数据输入接口,并为用户提供空域申请信息服务;

15.1.5 建立与相关部门的数据分享机制,建立与其他无人机云提供商的关键数据共享机制;

15.1.6 满足当地人大和地方政府出台的法律法规,遵守军方为保证国家安全而发布的通告和禁飞要求;

15.1.7 获得局方试运行批准。

15.2 提供商应定期对系统进行更新扩容,保证其所接入的民用无人机运营人使用方便、数据可靠、低延迟、飞行区域实时有效。

15.3 提供商每6个月向局方提交报告,内容包括无人机云系统接入航空器架数,运营人数量,技术进步情况,遇到的困难和问题,事故和事故征候等。

16.植保无人机运行要求

16.1 植保无人机作业飞行是指无人机进行下述飞行:

16.1.1 喷洒农药;

16.1.2 喷洒用于作物养料、土壤处理、作物生命繁殖或虫害控制的任何其他物质;

16.1.3 从事直接影响农业、园艺或森林保护的喷洒任务,但不包括撒播活的昆虫。

16.2 人员要求

16.2.1 运营人指定的一个或多个作业负责人,该作业负责人应当持有民用无人机驾驶员合格证并具有相应等级,同时接受了下列知识和技术的培训或者具备相应的经验:

a. 理论知识。

（1）开始作业飞行前应当完成的工作步骤,包括作业区的勘察;

（2）安全处理有毒药品的知识及要领和正确处理使用过的有毒药品容器的办法;

（3）农药与化学药品对植物、动物和人员的影响和作用,重点在计划运行中常用的药物以及使用有毒药品时应当采取的预防措施;

（4）人体在中毒后的主要症状,应当采取的紧急措施和医疗机构的位置;

（5）所用无人机的飞行性能和操作限制;

（6）安全飞行和作业程序。

b. 飞行技能,以无人机的最大起飞全重完成起飞、作业线飞行等操作动作。

16.2.2　作业负责人对实施农林喷洒作业飞行的每一人员实施 16.2.1 规定的理论培训、技能培训以及考核,并明确其在作业飞行中的任务和职责。

16.2.3　作业负责人对农林喷洒作业飞行负责。其他作业人员应该在作业负责人带领下实施作业任务。

16.2.4　对于独立喷洒作业人员,或者从事作业高度在 15 米以上的作业人员应持有民用无人机驾驶员合格证。

16.3　喷洒限制

实施喷洒作业时,应当采取适当措施,避免喷洒的物体对地面的人员和财产造成危害。

16.4　喷洒记录保存

实施农林喷洒作业的运营人应当在其主运行基地保存关于下列内容的记录:

16.4.1　服务对象的名称和地址;

16.4.2　服务日期;

16.4.3　每次作业飞行所喷洒物质的量和名称;

16.4.4　每次执行农林喷洒作业飞行任务的驾驶员的姓名、联系方式和合格证编号（如适用）,以及通过知识和技术检查的日期。

17. 无人飞艇运行要求

17.1　禁止云中飞行。在云下运行时,与云的垂直距离不得少于 120 米。

17.2　当无人飞艇附近存在人群时,须在人群以外 30 米运行。当人群抵近时,飞艇与周边非操作人员的水平间隔不得小于 10 米,垂直间隔不得小于 10 米。

17.3　除经局方批准,不得使用可燃性气体如氢气。

18. 废止和生效

本咨询通告自下发之日起生效。2016 年 12 月 31 日前Ⅲ、Ⅳ、Ⅴ、Ⅵ和Ⅶ类无人机均应符合本咨询通告要求,在北京、上海、广州、深圳运行的Ⅱ类无人机也应符合本咨询通告要求;2017 年 12 月 31 日前适用无人机均应符合本咨询通告要求。

当其他法律法规发布生效时,本咨询通告与其内容相抵触部分自动失效;飞行标准司有责任依据法律法规的变化、科技进步、社会需求等及时修订本咨询通告。

附录 B　民用无人机驾驶员管理规定

（编号：AC-61-FS-2018-20R2）

1.目的

近年来随着技术进步,民用无人驾驶航空器(以下简称无人机)的生产和应用在国内外得到了蓬勃发展,其驾驶员(业界也称操控员、操作手、飞手等,在本咨询通告中统称为驾驶员)数量持续快速增加。面对这样的情况,局方有必要在不妨碍民用无人机多元发展的前提下,加强对民用无人机驾驶员的规范管理,促进民用无人机产业的健康发展。

由于民用无人机在全球范围内发展迅速,国际民航组织已经开始为无人机系统制定标准和建议措施(SARPs)、空中航行服务程序(PANS)和指导材料。这些标准和建议措施已日趋成熟,因此多个国家发布了管理规定。

无论驾驶员位于航空器的内部或外部,无人机系统和驾驶员都必须符合民航法规在相应章节中的要求。由于无人机系统中没有机载驾驶员,原有法规有关驾驶员部分章节已不能适用,本文件对相关内容进行说明。

本咨询通告针对目前出现的无人机系统的驾驶员实施指导性管理,并将根据行业发展情况随时修订,最终目的是按照国际民航组织的标准建立我国完善的民用无人机驾驶员监管体系。

2.适用范围

本咨询通告用于民用无人机系统驾驶人员的资质管理。其涵盖范围包括:

(1)无机载驾驶人员的无人机系统。

(2)有机载驾驶人员的航空器,但该航空器可同时由外部的无人机驾驶员实施完全飞行控制。分布式操作的无人机系统或者集群,其操作者个人无需取得无人机驾驶员执照,具体管理办法另行规定。

3.定义

本咨询通告使用的术语定义:

(1)无人机(UA:unmanned aircraft),是由控制站管理(包括远程操纵或自主飞行)的航空器。

(2)无人机系统(UAS:unmanned aircraft system),是指无人机以及与其相关的遥控站(台)、任务载荷和控制链路等组成的系统。

(3)无人机系统驾驶员,对无人机的运行负有必不可少职责并在飞行期间适时操纵无人机的人。

(4)等级,是指填在执照上或与执照有关并成为执照一部分的授权,说明关于此种执照的特殊条件、权利或限制。

（5）类别等级,指根据无人机产生气动力及不同运动状态依靠的不同部件或方式,将无人机进行划分并成为执照一部分的授权,说明关于此种执照的特殊条件、权利或限制。

（6）固定翼,指动力驱动的重于空气的一种无人机,其飞行升力主要由给定飞行条件下保持不变的翼面产生。在本规定中作为类别等级中的一种。

（7）直升机,是指一种重于空气的无人机,其飞行升力主要由在垂直轴上一个或多个动力驱动的旋翼产生,其运动状态改变的操纵一般通过改变旋翼桨叶角来实现。在本规定中作为类别等级中的一种。

（8）多旋翼,是指一种重于空气的无人机,其飞行升力主要由三个及以上动力驱动的旋翼产生,其运动状态改变的操纵一般通过改变旋翼转速来实现。在本规定中作为类别等级中的一种。

（9）垂直起降固定翼,是指一种重于空气的无人机,垂直起降时由与直升机、多旋翼类似起降方式或直接推力等方式实现,水平飞行由固定翼飞行方式实现,且垂直起降与水平飞行方式可在空中自由转换。在本规定中作为类别等级中的一种。

（10）自转旋翼机,是指一种旋翼机,其旋翼仅在起动或跃升时有动力驱动,在空中平飞时靠空气的作用力推动自由旋转。这种旋翼机的推进方式通常是使用独立于旋翼系统的推进式动力装置。在本规定中作为类别等级中的一种。

（11）飞艇,是指一种由动力驱动能够操纵的轻于空气的航空器。在本规定中作为类别等级中的一种。

（12）视距内（VLOS:visual line of sight）运行,无人机在驾驶员或观测员与无人机保持直接目视视觉接触的范围内运行,且该范围为目视视距内半径不大于 500 米,人、机相对高度不大于 120 米。视距内在本规定中作为驾驶员等级中的一种。

（13）超视距（BVLOS:beyond VLOS）运行,无人机在目视视距以外的运行。超视距在本规定中作为驾驶员等级中的一种。

（14）扩展视距（EVLOS:extended VLOS）运行,无人机在目视视距以外运行,但驾驶员或者观测员借助视觉延展装置操作无人机,属于超视距运行的一种。

（15）授权教员,是指持有按本规定颁发的具有教员等级的无人机驾驶员执照,并依据其教员等级上规定的权利和限制执行教学的人员。

（16）无人机系统的机长,是指由运营人指派在系统运行时间内负责整个无人机系统运行和安全的驾驶员。

（17）无人机观测员,由运营人指定的训练有素的人员,通过目视观测无人机,协助无人机驾驶员安全实施飞行,通常由运营人管理,无证照要求。

（18）运营人,是指从事或拟从事航空器运营的个人、组织或企业。

（19）控制站（也称遥控站、地面站）,无人机系统的组成部分,包括用于操纵无人机的设备。

（20）指令与控制数据链路（C2:command and control data link）,是指无人机和控制站之间为飞行管理之目的的数据链接。

（21）感知与避让,是指看见、察觉或发现交通冲突或其他危险并采取适当行动的能力。

（22）无人机感知与避让系统,是指无人机机载安装的一种设备,用以确保无人机与其他航空器保持一定的安全飞行间隔,相当于载人航空器的防撞系统。在融合空域中运行的Ⅺ、Ⅻ类无人机应安装此种系统。

（23）融合空域,是指有其他有人驾驶航空器同时运行的空域。

（24）隔离空域,是指专门分配给无人机系统运行的空域,通过限制其他航空器的进入以规避碰撞风险。

（25）人口稠密区,是指城镇、乡村、繁忙道路或大型露天集会场所等区域。

（26）空机重量,是指不包含载荷和燃料的无人机重量,该重量包含燃料容器和电池等固体装置。

（27）飞行经历时间,是指为符合民用无人机驾驶员的训练和飞行时间要求,操纵无人机或在模拟机上所获得的飞行时间,这些时间应当是作为操纵无人机系统必需成员的时间,或从授权教员处接受训练或作为授权教员提供教学的时间。

（28）飞行经历记录本,是指记录飞行经历时间和相关信息的证明材料,包括纸质飞行经历记录本和由无人机云交换系统支持的电子飞行经历记录本。

（29）训练记录,是指为获取执照或等级而接受相关训练的证明材料,包括纸质训练记录和由无人机云交换系统支持的电子化训练记录。

（30）理论考试,是指航空知识理论方面的考试,该考试是颁发民用无人机驾驶员执照或等级所要求的,可以通过笔试或者计算机考试来实施。

（31）实践考试,是指为取得民用无人机驾驶员执照或者等级进行的操作方面的考试（包括实践飞行、综合问答、地面站操作）,该考试通过申请人在飞行中演示操作动作及回答问题的方式进行。

（32）申请人,是指申请无人机驾驶员执照或等级的自然人。

（33）无人机云系统（简称无人机云）,是指轻小民用无人机运行动态数据库系统,用于向无人机用户提供航行服务、气象服务等,对民用无人机运行数据（包括运营信息、位置、高度和速度等）进行实时监测。

（34）无人机云交换系统（无人机云数据交换平台）:是指由民航局运行,能为多个无人机云系统提供实时数据交换和共享的实时动态数据库系统。

（35）分布式操作,是指把无人机系统操作分解为多个子业务,部署在多个站点或者终端进行协同操作的模式,不要求个人具备对无人机系统的完全操作能力。

4. 执照和等级要求

无人机系统分类较多,所适用空域远比有人驾驶航空器广阔,因此有必要对无人机系统驾驶员实施分类管理。

（1）下列情况下,无人机系统驾驶员自行负责,无须执照管理:

A. 在室内运行的无人机。

B. Ⅰ、Ⅱ类无人机（分类等级见第5条C款。如运行需要,驾驶员可在无人机云交换系统进行备案。备案内容应包括驾驶员真实身份信息、所使用的无人机型号,并通过在线法规测试)。

C. 在人烟稀少、空旷的非人口稠密区进行试验的无人机。

(2) 在隔离空域和融合空域运行的除Ⅰ、Ⅱ类以外的无人机,其驾驶员执照由局方实施管理。

A. 操纵视距内运行无人机的驾驶员,应当持有按本规定颁发的具备相应类别、分类等级的视距内等级驾驶员执照,并且在行使相应权利时随身携带该执照。

B. 操纵超视距运行无人机的驾驶员,应当持有按本规定颁发的具备相应类别、分类等级的有效超视距等级的驾驶员执照,并且在行使相应权利时随身携带该执照。

C. 教员等级:

1) 按本规则颁发的相应类别、分类等级的具备教员等级的驾驶员执照持有人,行使教员权利应当随身携带该执照。

2) 未具备教员等级的驾驶员执照持有人不得从事下列活动:

ⅰ) 向准备获取单飞资格的人员提供训练。

ⅱ) 签字推荐申请人获取驾驶员执照或增加等级所必需的实践考试。

ⅲ) 签字推荐申请人参加理论考试或实践考试未通过后的补考。

ⅳ) 签署申请人的飞行经历记录本。

ⅴ) 在飞行经历记录本上签字,授予申请人单飞权利。

D. 植保类无人机分类等级担任操纵植保无人机系统并负责无人机系统运行和安全的驾驶员,应当持有按本规定颁发的具备Ⅴ分类等级的驾驶员执照,或经农业农村部等部门规定的由符合资质要求的植保无人机生产企业自主负责的植保无人机操作人员培训考核。

(3) 自 2018 年 9 月 1 日起,民航局授权行业协会颁发的现行有效的无人机驾驶员合格证自动转换为民航局颁发的无人机驾驶员电子执照,原合格证所载明的权利一并转移至该电子执照。原Ⅶ分类等级(超视距运行的Ⅰ、Ⅱ类无人机)合格证载明的权利转移至Ⅲ分类等级电子执照。

5. 无人机系统驾驶员管理

5.1　执照和等级分类

对于完成训练并考试合格,符合本规定颁发民用无人机驾驶员执照和等级条件的人员,在其驾驶员执照上签注如下信息:

A. 驾驶员等级:

1) 视距内等级;

2) 超视距等级;

3) 教员等级。

B. 类别等级:

1) 固定翼;

2) 直升机;

3）多旋翼；

4）垂直起降固定翼；

5）自转旋翼机；

6）飞艇；

7）其他。

C. 分类等级：

分类	空机重量/千克	起飞全重/千克
Ⅰ	$0<W\leqslant0.25$	
Ⅱ	$0.25<W\leqslant4$	$1.5<W\leqslant7$
Ⅲ	$4<W\leqslant15$	$7<W\leqslant25$
Ⅳ	$15<W\leqslant116$	$25<W\leqslant150$
Ⅴ	植保类无人机	
Ⅺ	$116<W\leqslant5700$	$150<W\leqslant5700$
Ⅻ	$W>5700$	

注1：实际运行中，Ⅲ、Ⅳ、Ⅺ类分类有交叉时，按照较高要求的一类分类。

注2：对于串、并列运行或者编队运行的无人机，按照总重量分类。

注3：地方政府（例如当地公安部门）对于Ⅰ、Ⅱ类无人机重量界限低于本表规定的，以地方政府的具体要求为准。

D. 型别和职位（仅适用于Ⅺ、Ⅻ分类等级）：

1）无人机型别。

2）职位，包括机长、副驾驶。

5.2 颁发无人机驾驶员执照与等级的条件局方应为符合相应资格、航空知识、飞行技能和飞行经历要求的申请人颁发无人机驾驶员执照与等级。具体要求参考《颁发无人机驾驶员执照与等级的条件》（附件1）。

5.3 执照有效期及其更新

A. 按本规定颁发的驾驶员执照有效期限为两年，且仅当执照持有人满足本规定和有关中国民用航空运行规章的相应训练与检查要求、并符合飞行安全记录要求时，方可行使其执照所赋予的相应权利。

B. 执照持有人应在执照有效期期满前三个月内向局方申请重新颁发执照。对于申请人：

1）应出示在执照有效期满前24个日历月内，无人机云交换系统电子经历记录本上记录的100小时飞行经历时间证明。

2）如不满足上述飞行经历时间要求，应通过执照中任一最高驾驶员等级对应的实践考试。

C. 执照在有效期内因等级或备注发生变化重新颁发时，则执照有效期与最高的驾驶员等级有效期保持一致。

D. 执照过期的申请人须重新通过不同等级相应的理论及实践考试,方可申请重新颁发执照及相关等级。

5.4　教员等级更新

A. 教员等级在其颁发月份之后第 24 个日历月结束时期满。

B. 飞行教员可以在其教员等级期满前申请更新,但应当符合下列条件之一:

1) 通过了以下相应教员等级的实践考试:

ⅰ) 对应Ⅲ、Ⅳ分类等级的教员等级的执照持有人,如果通过了任何一个Ⅲ、Ⅳ分类等级的教员等级的实践考试,则其所持有的有效的Ⅲ、Ⅳ分类等级的教员等级均视为更新。

ⅱ) 对应Ⅺ、Ⅻ分类等级的教员等级的执照持有人,如果通过了Ⅺ、Ⅻ分类等级的教员等级中任何一项的实践考试,则其教员的所有等级均视为更新,其相应Ⅺ、Ⅻ分类等级熟练检查不在有效期内的除外。

2) 飞行教员在其教员等级期满前 90 天内通过相应教员等级的更新检查:

ⅰ) 对应Ⅲ、Ⅳ分类等级的教员等级的执照持有人,如果通过了Ⅺ、Ⅻ分类等级的教员等级的更新检查,则其所持有的有效的Ⅲ、Ⅳ分类等级的教员等级均视为更新。

ⅱ) 对应Ⅺ、Ⅻ分类等级的教员等级的执照持有人,如果通过了Ⅺ、Ⅻ分类等级的教员等级中任何一项的实践考试实践飞行科目,则其教员的所有等级均视为更新,其相应Ⅺ、Ⅻ分类等级熟练检查不在有效期内的除外。

3) 按本条 B.1)进行更新的,教员等级有效期自实践考试之日起计算。

5.5　教员等级过期后的重新办理

A. 飞行教员在其教员等级过期,重新通过实践考试后,局方可恢复其教员等级。

B. 当飞行教员的驾驶员执照上与教员等级相对应的等级失效时,其教员等级权利自动丧失,除非该驾驶员按本规定恢复其驾驶员执照上所有相应的等级,其中教员等级的恢复需按本规定关于颁发飞行教员等级的要求通过理论考试和实践考试。

5.6　熟练检查

对于Ⅺ、Ⅻ分类等级驾驶员应对该分类等级下的每个签注的无人机类别、型别(如适用)等级接受熟练检查,该检查每 12 个月进行一次。检查由局方指定的人员实施。

5.7　增加等级

A. 在驾驶员执照上增加等级,申请人应当符合本条至 G 款的相应条件。

B. 超视距等级可以行使相同类别及分类等级的视距内等级执照持有人的所有权利。在驾驶员执照上增加超视距等级,而类别和分类等级不变的,申请人应当符合下列规定:

1) 完成了相应执照类别和分类等级要求的超视距等级训练,符合本规定附件 1 关于超视距等级的飞行经历要求。

2) 由授权教员在申请人的飞行经历记录本或者训练记录上签字,证明其在相应的超视距等级的航空知识方面是合格的。

3) 由授权教员在申请人的飞行经历记录本或者训练记录上签字,证明其在相应的超视距等级的飞行技能方面是合格的。

4）通过了相应的超视距等级要求的理论考试。

5）通过了相应的超视距等级要求的实践考试。

C. 在驾驶员执照上增加超视距等级的同时增加类别或分类等级的，申请人应当符合下列规定：

1）满足本条 B 款的相关飞行经历和训练要求。

2）满足本条 E 款或 F 款相应类别或分类等级的飞行经历和训练要求。

3）通过了相应的超视距等级要求的理论考试。

4）通过了相应的超视距等级要求的实践考试。

D. 教员等级可以行使相同类别及分类等级的超视距等级持有人的所有权利。在驾驶员执照上增加教员等级，或在增加教员等级的同时增加类别或分类等级的申请人应当符合下列规定：

1）完成了相应执照类别和分类等级要求的教员等级训练，符合本规定附件 1 关于教员等级的飞行经历要求。

2）由授权教员在申请人的飞行经历记录本或者训练记录上签字，证明其在相应的教员等级的航空知识方面是合格的。

3）由授权教员在申请人的飞行经历记录本或者训练记录上签字，证明其在相应的教员等级的飞行技能和教学技能方面是合格的。

4）通过了相应的教员等级要求的理论考试。

5）通过了相应的教员等级要求的实践考试。

E. 在驾驶员执照上增加类别等级，或在增加类别等级同时增加分类等级，申请人应当符合下列规定：

1）完成了相应驾驶员等级及其类别和分类等级要求的训练，符合本规则规定的相应驾驶员等级及其类别和分类等级的航空经历要求。

2）由授权教员在申请人的飞行经历记录本和训练记录上签字，证明其在相应驾驶员等级及其类别和分类等级的航空知识方面是合格的。

3）由授权教员在申请人的飞行经历记录本和训练记录上签字，证明其在相应驾驶员等级及其类别和分类等级的飞行技能方面是合格的。

4）通过了相应驾驶员等级及其类别等级要求的理论考试。

5）通过了相应驾驶员等级及其类别和分类等级要求的实践考试。

F. 分类等级排列顺序由低到高依次为：Ⅲ、Ⅳ、Ⅺ、Ⅻ，高分类等级执照可行使低分类等级执照权利（不适用于Ⅴ分类等级）。在具备低分类等级的执照上增加高分类等级（不适用于Ⅴ分类等级），申请人应当符合下列规定：

1）完成了相应驾驶员等级及其类别和分类等级要求的训练，符合本规定关于相应驾驶员等级及其类别和分类等级的航空经历要求，相同类别低分类等级无人机驾驶员增加分类等级须具有操纵所申请分类等级无人机的飞行训练时间至少 10 小时，其中包含不少于 5 小时授权教员提供的带飞训练。

2）由授权教员在申请人的飞行经历记录本和训练记录上签字,证明其在相应驾驶员等级及其类别和分类等级的航空知识方面是合格的。

3）由授权教员在申请人的飞行经历记录本和训练记录上签字,证明其在相应驾驶员等级及其类别和分类等级的飞行技能方面是合格的。

4）通过了相应驾驶员等级及其类别和分类等级要求的实践考试。

G.在驾驶员执照上增加V分类等级,申请人应当符合下列规定:

1）依据《轻小无人机运行规定（试行）》（AC-91-31）,完成了由授权教员提供的驾驶员满足植保无人机要求的训练。

2）由授权教员在申请人的飞行经历记录本或者训练记录上签字,证明其在植保无人机运行相关航空知识方面是合格的。

3）由授权教员在申请人的飞行经历记录本或者训练记录上签字,证明其在植保无人机运行相关飞行技能方面是合格的。

4）由授权教员在申请人的飞行经历记录本和训练记录上签字,证明其已取得操纵相应类别V分类等级无人机至少10小时的实践飞行训练时间。

5）通过了相应类别等级植保无人机运行相关的理论考试。

5.8　执照和等级的申请与审批

A.符合本规定相关条件的申请人,应当向局方提交申请执照或等级的申请,申请人对其申请材料实质内容的真实性负责,并按规定交纳相应的费用。

在递交申请时,申请人应当提交下述材料:

1）身份证明;

2）学历证明（如要求）;

3）相关无犯罪记录文件;

4）理论考试合格的有效成绩单;

5）原执照（如要求）;

6）授权教员的资质证明;

7）训练飞行活动的合法证明;

8）飞行经历记录本;

9）实践考试合格证明。

B.对于申请材料不齐全或者不符合格式要求的,局方在收到申请之后的5个工作日内一次性书面通知申请人需要补正的全部内容。逾期不通知即视为在收到申请书之日起即为受理。申请人按照局方的通知提交全部补正材料的,局方应当受理申请。局方不予受理申请的,应当书面通知申请人。局方受理申请后,应当在20个工作日内对申请人的申请材料完成审查。在局方对申请材料的实质内容按照本规定进行核实时,申请人应当及时回答局方提出的问题。由于申请人不能及时回答问题所延误的时间不记入前述20个工作日的期限。对于申请材料及流程符合局方要求的,局方应于20个工作日内受理,并在受理后20个工作日内完成最终审查作出批准或不批准的最终决定。

C. 经局方批准,申请人可以取得相应的执照或等级。批准的无人机类别、分类等级或者其他备注由局方签注在申请人的执照上。

D. 由于飞行训练或者实践考试中所用无人机的特性,申请人不能完成规定的驾驶员操作动作,因此未能完全符合本规定相关飞行技能要求,但符合所申请执照或者等级的所有其他要求的,局方可以向其颁发签注有相应限制的执照或者等级。

5.9 飞行经历记录

申请人应于申请考试前提供满足执照或等级所要求的飞行经历证明。截至 2018 年 12 月 31 日,局方接受由申请人与授权教员自行填写的飞行经历信息。自 2019 年 1 月 1 日起,申请人训练经历数据应接入无人机云交换系统,以满足申请执照或等级对飞行经历中带飞时间及单飞时间的要求。飞行经历记录填写规范参考《民用无人机驾驶员飞行经历记录填写规范》(附件 2)。

5.10 考试一般程序

按本规定进行的各项考试,应当由局方指定人员主持,并在指定的时间和地点进行。

A. 理论考试的通过成绩由局方确定,理论考试的实施程序参考《民用无人机驾驶员理论考试一般规定》(附件 3)。

B. 局方指定的考试员按照《民用无人机驾驶员实践考试一般规定》(附件 4)的程序,依据《民用无人机驾驶员实践考试标准》(附件 5)实施实践考试。

C. 局方依据《民用无人机驾驶员实践考试委任代表管理办法》(附件 6)委任与管理实施实践考试的考试员。

D. 局方依据《民用无人机驾驶员考试点管理办法》(附件 7)对理论及实践考试的考试点实施评估和清单制管理。

5.11 受到刑事处罚后执照的处理

本规定执照持有人受到刑事处罚期间,不得行使所持执照赋予的权利。

6. 修订说明

2015 年 12 月 29 日,飞行标准司出台了《轻小无人机运行规定(AC-91-FS-2015-31)》,结合运行规定,为了进一步规范无人机驾驶员管理,对原《民用无人驾驶航空器系统驾驶员管理暂行规定(AC-61-FS-2013-20)》进行了第一次修订。修订的主要内容包括重新调整无人机分类和定义,新增管理机构管理备案制度,取消部分运行要求。

为进一步规范无人机驾驶员执照管理,在总结前期授权符合资质的行业协会对部分无人机驾驶员证照实施管理的创新监管模式经验的基础上,对原《民用无人机驾驶员管理规定(AC-61-FS-2016-20R1)》进行了第二次修订。修订的主要内容包括调整监管模式,完善由局方全面直接负责执照颁发的相关配套制度和标准,细化执照和等级颁发要求和程序,明确由行业协会颁发的原合格证转换为局方颁发的执照的原则和方法。

7. 咨询通告施行

本咨询通告自发布之日起生效,2016 年 7 月 11 日发布的《民用无人机驾驶员管理规定》(AC-61-FS-2016-20R1)同时废止。

附件：

1.《颁发无人机驾驶员执照与等级的条件》

2.《民用无人机驾驶员飞行经历记录本填写规范》

3.《民用无人机驾驶员理论考试一般规定》

4.《民用无人机驾驶员实践考试一般规定》

5.《民用无人机驾驶员实践考试标准》

6.《民用无人机驾驶员实践考试委任代表管理办法》

7.《民用无人机驾驶员考试点管理办法》

附件1　颁发无人机驾驶员执照与等级的条件

1. 视距内等级驾驶员执照

1.1　资格要求

符合下列条件的申请人,局方可以为其颁发视距内等级驾驶员执照:

(a) 年满16周岁;

(b) 三年内无刑事犯罪记录;

(c) 具有初中或者初中以上文化程度;

(d) 完成了本规定1.2条要求的相应无人机等级的航空知识训练,并由提供训练或者评审其自学情况的授权教员在训练记录上签字,证明该申请人可以参加规定的理论考试;

(e) 通过了本规定1.2条要求航空知识的理论考试;

(f) 完成了本规定1.3条要求的相应无人机等级的飞行技能训练,并由提供训练的授权教员在其飞行经历记录本上签字,证明该申请人可以参加规定的实践考试;

(g) 在申请实践考试之前,满足本规定1.4条中适用于所申请无人机等级的飞行经历要求;

(h) 通过了本规定1.3条要求飞行技能的实践考试;

(i) 符合本规则对所申请无人机类别和级别等级的相应条款要求。

1.2　航空知识要求

(a) 民用无人机驾驶员管理和民用无人机运行有关的中国民用航空规章;

(b) 气象学,包括识别临界天气状况,获得气象资料的程序以及航空天气报告和预报的使用;

(c) 航空器空气动力学基础和飞行原理;

(d) 无人机主要系统,导航、飞控、动力、链路、电气等知识;

(e) 无人机系统操作程序及通用应急操作程序;

(f) 所使用的无人机系统特性,包括:

(1) 起飞和着陆要求;

(2) 性能:

（ⅰ）飞行速度;

（ⅱ）典型和最大爬升率；

（ⅲ）典型和最大下降率；

（ⅳ）典型和最大转弯率；

（ⅴ）其他有关性能数据（例如风、结冰、降水限制）；

（ⅵ）航空器最大续航能力。

（g）植保无人机运行相关知识（Ⅴ分类等级适用），包括：

（1）开始作业飞行前应当完成的工作步骤，包括作业区的勘察；

（2）安全处理有毒药品的知识及要领和正确处理使用过的有毒药品容器的办法；

（3）农药与化学药品对植物、动物和人员的影响和作用，重点在计划运行中常用的药物以及使用有毒药品时应当采用的预防措施；

（4）人体在中毒后的主要症状，应当采取的紧急措施和医疗机构的位置；

（5）所用无人机的飞行性能和操作限制；

（6）安全飞行和作业程序；

（7）喷洒限制；

（8）喷洒记录保存。

1.3　飞行技能要求

（a）通用部分：

（1）飞行前准备：包括气象判断、飞行空域与飞行计划申报、重量和平衡的计算、动力系统相关的准备、地面控制站的设置及起飞前无人机系统检查；

（2）起飞、着陆和复飞，包括正常、有风和倾斜地面的起飞和着陆；

（3）视距内机动飞行；

（4）机场和起落航线的运行；

（5）应急程序：包括飞行平台操纵系统故障、动力系统故障、数据链路故障、地面控制站故障及迫降或应急回收。

（b）以下固定翼类别适用：

（1）地面滑行；

（2）临界小速度飞行，判断并改出从直线飞行和从转弯中进入的临界失速及失速；

（3）最大性能（短跑道和越障）起飞，短跑道或松软跑道着陆。

（c）以下直升机类别适用：

（1）悬停，包括无人机平台正前方朝向不同方向时的悬停；

（2）以所需最小动力起飞和着陆，最大性能起飞和着陆；

（3）在涡环初始阶段的识别及改出。

（d）以下飞行技能飞行技能多旋翼类别适用：

（1）悬停，包括无人机平台正前方朝向不同方向时的悬停；

（2）以所需最小动力起飞和着陆，最大性能起飞和着陆；

（3）模拟单个动力轴动力失效时的应急操纵程序。

（e）以下飞行技能垂直起降固定翼无人机类别适用：

（1）旋翼及螺旋桨动力切换故障处理或传动装置和互连式传动轴故障处理（如适用）；

（2）临界小速度飞行，判断并改出从直线飞行和从转弯中进入的临界失速及失速。

（f）以下飞行技能自转旋翼机类别适用：

以临界小速度机动飞行，对小速度大下降率状态的判断和改出。

（g）植保无人机飞行技能要求（Ⅴ分类等级适用）：

以无人机的最大起飞全重完成起飞、作业线飞行等操作动作。

（h）以下飞艇类别适用：

（1）最大性能（越障）起飞；

（2）识别漏气现象；

（3）轻着陆。

1.4　飞行经历要求

视距内等级驾驶员执照的申请人应当具有操纵有动力的无人机至少44小时的飞行经历时间。

（a）按照本规定1.3条的飞行技能要求，对于多旋翼类别视距内等级驾驶员执照申请人，由授权教员提供不少于10小时带飞训练，不少于5小时单飞训练，计入驾驶员飞行经历的飞行模拟训练时间不多于22小时；

（b）按照本规定1.3条的飞行技能要求，对于除多旋翼类别外其他类别视距内等级驾驶员执照申请人，由授权教员提供不少于16小时带飞训练，不少于6小时单飞训练，计入驾驶员飞行经历的飞行模拟训练时间不多于8小时。

2. 超视距等级驾驶员执照

2.1　Ⅺ分类（不含）以下分类等级

2.1.1　资格要求

符合下列条件的申请人，局方可以为其颁发超视距等级驾驶员执照：

（a）年满16周岁；

（b）五年内无刑事犯罪记录；

（c）具有初中或者初中以上文化程度；

（d）完成了本规定2.1.2条要求的相应无人机等级的航空知识训练（视距内等级驾驶员执照持有人申请相应类别分类等级的超视距等级驾驶员执照，须完成本规定2.1.2条对于1.2条的补充训练），并由提供训练或者评审其自学情况的授权教员在训练记录上签字，证明该申请人可以参加规定的理论考试；

（e）通过了本规定2.1.2条要求航空知识的理论考试；

（f）完成了本规定2.1.3条要求的相应无人机等级的飞行技能训练（视距内等级驾驶员执照持有人申请相应类别分类等级的超视距等级驾驶员执照，须完成本规定2.1.3条对于1.3条的补充训练），并由提供训练的授权教员在其飞行经历记录本上签字，证明该申请人可以参加规定的实践考试；

（g）在申请实践考试之前，满足本章中适用于所申请无人机等级的飞行经历要求（视距内等级驾驶员执照持有人申请相应类别分类等级的超视距等级驾驶员执照，须完成本规定2.1.3条对于1.3条的补充训练）；

（h）通过了本规定2.1.3条要求飞行技能的实践考试；

（i）符合本规则对所申请无人机类别和分类等级的相应条款要求。

2.1.2　航空知识要求

（a）民用无人机系统驾驶员管理和民用无人机运行有关的中国民用航空规章；

（b）气象学，包括识别临界天气状况，获得气象资料的程序以及航空天气报告和预报的使用；

（c）航空器空气动力学基础和飞行原理；

（d）无人机主要系统，导航、飞控、动力、链路、电气等知识；

（e）无人机系统操作程序及通用应急操作程序；

（f）所使用的无人机系统特性，包括：

（1）起飞和着陆要求；

（2）性能：

（i）飞行速度；

（ii）典型和最大爬升率；

（iii）典型和最大下降率；

（iv）典型和最大转弯率；

（v）其他有关性能数据（例如风、结冰、降水限制）；

（vi）航空器最大续航能力。

（3）控制站界面、功能等知识以及控制站之间的交接程序（如适用）。

（g）植保无人机运行相关知识（V级别适用），包括：

（1）开始作业飞行前应当完成的工作步骤，包括作业区的勘察；

（2）安全处理有毒药品的知识及要领和正确处理使用过的有毒药品容器的办法；

（3）农药与化学药品对植物、动物和人员的影响和作用，重点在计划运行中常用的药物以及使用有毒药品时应当采用的预防措施；

（4）人体在中毒后的主要症状，应当采取的紧急措施和医疗机构的位置；

（5）所用无人机的飞行性能和操作限制；

（6）安全飞行和作业程序；

（7）喷洒限制；

（8）喷洒记录保存；

（9）植保作业负责人的任务与职责。

2.1.3　飞行技能要求

（a）通用部分：

（1）飞行前准备：包括气象判断、飞行空域与飞行计划申报、重量和平衡的计算、动力系

统相关的准备、地面控制站的设置及起飞前无人机系统检查;

（2）起飞、着陆和复飞,包括正常、有风和倾斜地面的起飞和着陆;

（3）视距内机动飞行;

（4）机场和起落航线的运行;

（5）应急程序:包括飞行平台操纵系统故障、动力系统故障、数据链路故障、地面控制站故障及迫降或应急回收;

（6）飞行程序指挥及任务执行指挥;

（7）航路航线的规划、实施及修改。

（b）以下固定翼类别适用:

（1）地面滑行;

（2）临界小速度飞行,判断并改出从直线飞行和从转弯中进入的临界失速及失速;

（3）最大性能（短跑道和越障）起飞,短跑道或松软跑道着陆。

（c）以下直升机类别适用:

（1）悬停,包括无人机平台正前方朝向不同方向时的悬停;

（2）以所需最小动力起飞和着陆,最大性能起飞和着陆;

（3）在涡环初始阶段的识别及改出。

（d）以下多旋翼类别适用:

（1）悬停,包括无人机平台正前方朝向不同方向时的悬停;

（2）以所需最小动力起飞和着陆,最大性能起飞和着陆;

（3）模拟单个动力轴动力失效时的应急操纵程序。

（e）以下垂直起降固定翼无人机类别适用:

（1）旋翼及螺旋桨动力切换故障处理或传动装置和互连式传动轴故障处理（如适用）;

（2）临界小速度飞行,判断并改出从直线飞行和从转弯中进入的临界失速及失速。

（f）以下自转旋翼机类别适用:

以临界小速度机动飞行,对小速度大下降率状态的判断和改出。

（g）植保无人机飞行技能要求（V分类等级适用）:

以无人机的最大起飞全重完成起飞、作业线飞行等操作动作。

（h）以下无人飞艇类别适用:

（1）最大性能（越障）起飞;

（2）识别漏气现象;

（3）轻着陆。

2.1.4　飞行经历要求

超视距等级驾驶员执照的申请人应当具有操纵有动力的无人机至少56小时的飞行经历时间,其中包括:

（a）按照本规定2.1.3条的飞行技能要求,对于多旋翼类别超视距等级驾驶员执照申请人,由授权教员提供不少于15小时带飞训练,不少于5小时单飞训练,计入驾驶员飞行经历

的飞行模拟训练时间不多于 28 小时;

（b）按照本规定 2.1.3 条的飞行技能要求,对于除多旋翼类别外其他类别超视距等级驾驶员执照申请人,由授权教员提供不少于 20 小时带飞训练,不少于 6 小时单飞训练,计入驾驶员飞行经历的飞行模拟训练时间不多于 12 小时。

2.2　Ⅺ、Ⅻ分类等级

2.2.1　资格要求

符合下列条件的申请人,局方可以为其颁发超视距等级驾驶员执照:

（a）年满 18 周岁;

（b）无犯罪记录;

（c）具有高中或者高中以上文化程度;

（d）完成了本规定 2.2.2 条要求的相应无人机等级的航空知识训练,并由提供训练或者评审其自学情况的授权教员在训练记录上签字,证明该申请人可以参加规定的理论考试;

（e）通过了本规定 2.2.2 条要求航空知识的理论考试;

（f）完成了本规定 2.2.3 条要求的相应无人机等级的飞行技能训练,并由提供训练的授权教员在其飞行经历记录本上签字,证明该申请人可以参加规定的实践考试;

（g）在申请实践考试之前,满足本章中适用于所申请无人机等级的飞行经历要求;

（h）通过了本规定 2.2.3 条要求飞行技能的实践考试;

（i）符合本规则对所申请无人机类别和分类等级的相应条款要求。

2.2.2　航空知识要求

申请人必须接受并记录培训机构工作人员提供的地面训练,完成下列与所申请无人机系统等级相应的地面训练课程并通过理论考试。

（a）航空法规以及机场周边飞行、防撞、无线电通信、夜间运行、高空运行等知识;

（b）气象学,包括识别临界天气状况,获得气象资料的程序以及航空天气报告和预报的使用;

（c）航空器空气动力学基础和飞行原理;

（d）无人机主要系统,导航、飞控、动力、链路、电气等知识;

（e）无人机系统通用应急操作程序;

（f）所使用的无人机系统特性,包括:

（1）起飞和着陆要求;

（2）性能:

（ⅰ）飞行速度;

（ⅱ）典型和最大爬升率;

（ⅲ）典型和最大下降率;

（ⅳ）典型和最大转弯率;

（ⅴ）其他有关性能数据(例如风、结冰、降水限制);

（ⅵ）航空器最大续航能力。

（3）通信、导航和监视功能：

（ⅰ）航空安全通信频率和设备，包括：

a. 空中交通管制通信，包括任何备用的通信手段；

b. 指令与控制数据链路（C2），包括性能参数和指定的工作覆盖范围；

c. 无人机驾驶员和无人机观测员之间的通信，如适用；

（ⅱ）导航设备；

（ⅲ）监视设备（如 SSR 应答，ADS-B 发出）；

（ⅳ）发现与避让能力；

（ⅴ）通信紧急程序，包括：

a. ATC 通信故障；

b. 指令与控制数据链路故障；

c. 无人机驾驶员/无人机观测员通讯故障，如适用；

（ⅵ）控制站的数量和位置以及控制站之间的交接程序，如适用。

2.2.3　飞行技能与经历要求

申请人必须至少在下列操作上接受并记录了培训机构提供的针对所申请无人机系统等级的实际操纵飞行或模拟飞行训练。

（a）对于机长：

（1）空域申请与空管通信，不少于 4 小时；

（2）航线规划，不少于 4 小时；

（3）系统检查程序，不少于 4 小时；

（4）正常飞行程序指挥，不少于 20 小时；

（5）应急飞行程序指挥，包括规避航空器、发动机故障、链路丢失、应急回收、迫降等，不少于 20 小时；

（6）任务执行指挥，不少于 4 小时。

（b）对于驾驶员：

（1）飞行前检查，不少于 4 小时；

（2）正常飞行程序操作，不少于 20 小时；

（3）应急飞行程序操作，包括发动机故障、链路丢失、应急回收、迫降等，不少于 20 小时。

上述（a）款内容不包含（b）款所要求内容。

3. 教员等级

3.1　资格要求

符合下列条件的申请人，局方可以为其颁发教员等级：

（a）年满 18 周岁；

（b）无刑事犯罪记录；

（c）具有高中或者高中以上文化程度；

（d）持有与所申请教员等级执照相同类别分类等级的超视距等级驾驶员执照；

（e）完成了本规定 3.2 条要求的知识训练，并由提供训练或者评审其自学情况的授权教员在训练记录上签字，证明该申请人可以参加规定的理论考试；

（f）通过了本规定 3.2 条要求的理论考试；

（g）完成了本规定 3.3 条要求的相应无人机等级的飞行教学能力训练，并由提供训练的授权教员在其飞行经历记录本上签字，证明该申请人可以参加规定的实践考试；

（h）在申请实践考试之前，满足本章中适用于所申请无人机等级的飞行经历要求；

（i）通过了本规定 3.3 条要求飞行技能的实践考试；

（j）符合本规定对所申请无人机类别和分类等级的相应条款要求。

3.2　知识要求

教员等级申请人应当接受并记录了由授权教员提供的下列地面教学原理训练：

（a）教学技巧；

（b）学习过程；

（c）对地面教学科目中学员表现的评定；

（d）有效教学的基本要素；

（e）对学员的评价、提问和考试；

（f）课程研制开发；

（g）制定授课计划；

（h）课堂教学技巧；

（i）训练设备的使用，包括使用飞行模拟训练装置；

（j）分析、纠正学员错误；

（k）与飞行教员有关的人的行为能力，包括威胁和差错管理的原则；

（l）模拟无人机系统失效和故障情况下的应急处理方法。

3.3　飞行教学要求

（a）针对基础、经验和能力水平各不相同的学员，准备和实施授课计划；

（b）评价学员的飞行完成情况；

（c）飞行前指导和飞行后讲评；

（d）教员责任和出具签字证明的程序；

（e）正确分析和纠正学员的常见飞行偏差；

（f）完成并分析与所申请教员等级相应的标准飞行训练程序与动作。

3.4　教员的飞行经历及训练要求

教员等级申请人应具有 100 小时操纵其申请的类别及分类等级航空器并担任机长的飞行经历时间。教员等级申请人应接受不低于 20 小时实践飞行训练。

附件 2　民用无人机驾驶员飞行经历记录本填写规范

1. 目的

为使民用无人机驾驶员训练规范有序进行，依据《民用无人机驾驶员管理规定》（AC-61-

FS-2018-20R2)、《轻小无人机运行规定(试行)》(AC-91-FS-2015-31)及 CCAR-61.51 条飞行经历记录本的要求,下发本规范。

2. 适用范围

本规范适用于所有按照 AC-61-FS-2018-20R2 颁发无人机驾驶员执照或等级的持有人及申请人。民用无人机驾驶员适用的飞行经历记录本为通用版本的飞行经历记录本。

3. 个人信息

申请人/驾驶员须按照各项目要求如实填入个人信息,并签名保证所填内容属实。

4. 训练时间和航空经历

(a)民用无人机驾驶员执照申请人或持有人应以局方可接受的方式将训练时间和航空经历如实地记录在飞行经历记录本中,用于满足执照或等级要求的训练时间和航空经历。

(b)驾驶员飞行经历记录本上填写的每次飞行或者课程记录应当包括以下内容:

(1)日期;

(2)航空器型号;

(3)航空器的起飞和着陆地点、模拟机设备所处地点;

(4)航空器的起飞和着陆时间、模拟机所模拟的起飞和着陆时间;

(5)飞行种类:训练飞行时填写"训练",通用飞行填写"通用";

(6)着陆次数:填写出发时刻与到达时刻之间总的着陆次数;

(7)依据飞行经历不同将具体飞行经历时间填入以下的一项时间项目中:

(ⅰ)机长时间:操纵已取得相应等级驾驶员执照的民用无人机,作为唯一操纵者的飞行时间或担任机长的飞行时间;

(ⅱ)副驾驶时间:操纵已取得相应等级驾驶员执照的民用无人机,担任驾驶员的飞行时间;

(ⅲ)单飞时间:执照或等级申请人作为民用无人机唯一操纵者的飞行时间;

(ⅳ)带飞时间:由教员带飞、接受实践飞行训练的时间;

(ⅴ)模拟机时间:用模拟机进行的飞行时间;

(ⅵ)教员时间:作为教员参加训练飞行的时间;

(ⅶ)机长/教员签字:飞行种类为"通用"须填入机长的亲笔签名,飞行种类为"训练"须填入教员的亲笔签名;

(c)累计栏,仅为飞行经历记录本本列项目的累计:

(1)本页总计,为本页面数据的累计;

(2)累计,为本飞行经历记录本本列项目数据的累计。

(d)本人签名及日期保证所填内容属实。

5. 真实性

无人机驾驶员飞行经历记录目前已基本实现电子化,依据《轻小无人机运行规定(试行)》接入无人机云系统的民用无人机驾驶员执照或等级申请人及持有人,飞行经历记录本填写内容须与无人机云系统电子飞行经历记录相一致。驾驶员飞行经历记录本要求按本规范填写并妥善保存,禁止填入任何欺骗性的或者虚假的内容。对于提供虚假材料的执照或者等级申请人,根据民航 CCAR-61 部规定,将予以警告的处罚,申请人一年内不得再次申请该执照或等级;对于提供虚假材料的执照或等级持有人,根据民航 CCAR-61 部规定,将予以警告的处罚,撤销其相应执照或等级,当事人三年内不得再次申请执照或等级。

附件 3　民用无人机驾驶员理论考试一般规定

1. 考试一般程序

理论考试应由局方认可的监考员主持,考试时间与地点安排将定期于局方无人机驾驶员执照管理平台网站予以公布。

2. 理论考试申请人应符合的条件

2.1　理论考试申请人必须接受并记录无人机航空知识教学人员提供的地面训练,并于考试日期前至少 5 个日历日,在无人机驾驶员执照管理平台上上传人员信息并提交考试申请。

2.2　理论考试前,申请人须出示本人的居民身份证、公安部门出具的带照片的户籍证明或本人已经获得的无人机驾驶员执照,并携带申请人本人身份证复印件、民用无人机驾驶员理论考试成绩单以及申请人本人的小二寸、近期、白底、免冠、正面半身证件照。

2.3　申请人提供信息须准确无误,因信息有误对考试工作造成的影响由申请人自行承担。

2.4　对于尚未获得驾驶员执照的人员,其参加理论考试时出示的身份证明须与其日后申请无人机驾驶员执照时所持身份证明号码相符,否则其成绩不予承认。

2.5　对于申请补考的申请人,还要求申请人出示上一次理论考试成绩单,成绩单下方须有相应等级教员的签注证明该申请人针对上次理论考试未通过的航空知识内容接受了必的补充训练,具备通过理论考试的能力。补考日期与上一次同科目考试日期间隔最少为 28 个日历日。

3. 理论考试科目和通过成绩

考试名称	时限	题目数量	通过分数	
民用无人机驾驶员理论考试	120 分钟	100	视距内等级	70
			超视距等级	80
民用无人机驾驶员教员等级理论考试	60 分钟	40	80	

4. 理论考试中禁止的行为

4.1　根据 CCAR-61 部第 37 条规定,在理论考试过程中申请人不得有以下行为:

4.1.1　以任何形式复制或保存考试试题;

4.1.2　交给其他申请人或从其他申请人那里得到考试试题的任一部分或其复印件或扫描件;

4.1.3　帮助他人或者接受他人的帮助；

4.1.4　代替他人或由他人代替参加部分或全部理论考试；

4.1.5　在考试过程中使用未经监考员批准的材料或其他辅助物品；

4.1.6　破坏考场设施；

4.1.7　故意引起、助长或者参与本条禁止的行为。

4.2　根据 CCAR-61 部第 245 条规定，对理论考试中作弊或其他禁止的行为的处罚：

4.2.1　对于违反 CCAR-61 部第 37 条规定的申请人予以警告，申请人自该行为被发现之日起一年内不得申请驾驶员执照及相关考试；

4.2.2　对于违反 CCAR-61 部第 37 条规定的执照持有人予以警告，同时责令当事人立即停止飞行运行并交回其已取得的驾驶员执照，驾驶员执照被撤销之日起三年内，当事人不得申请驾驶员执照及考试。

民用无人机驾驶员理论考试成绩单

考试地点：

类别：_____ 等级：_____

姓名：

身份证明文件类型：

身份证明号码：

考试日期：　　　　　　　结论:通过□　　　不通过□

成绩：　　　　　　　　　考试员签名：

补考总次数：　　　　　　时间：

　　说明：

1.身份证明号码须与申请执照时所持身份证明号码相符，否则成绩不予认可。

2.参加实践考试的申请人，须持结论为通过的理论考试成绩单原件。

　　补考须知：

1.本次考试 28 天之后方可申请补考。

2.补考前，授权教员声明如下：

　　我已对该考生实施了相关理论部分的重新培训，并推荐其参加补考。

授权教员执照号_____　　授权教员签名_____

附件 4　民用无人机驾驶员实践考试一般规定

1. 考试一般程序

为取得民用无人机视距内等级驾驶员执照的实践考试中科目实施顺序依次为：综合问答，实践飞行；为取得民用无人机超视距等级驾驶员执照的实践考试中科目实施顺序依次为：综合问答，实践飞行，地面站；为取得民用无人机驾驶员执照教员等级的实践考试中科目实施顺序依次为：实践飞行，综合问答。实践考试应由局方认可的考试员主持，考试员应依据：《民用无人机驾驶员实践考试标准》（本咨询通告附件 5）执行实践考试，并填写《驾驶员实践考试工作单》。考试时间与地点安排于无人机驾驶员执照管理平台网站予以公布。

2. 实践考试申请人应符合的条件

2.1　符合颁发所申请的无人机驾驶员执照的年龄限制；

2.2　在接受实践考试前 24 个日历月内已通过了必需的理论考试，并提交局方给予的理论考试成绩单的复印件；

2.3　申请人已经完成了必需的训练并取得了必需的飞行经历，于考试日期前至少 5 个日历日以前，在执照管理平台上提交了考试申请；

2.4　具有授权教员在其飞行经历记录本上的签字，证明该申请人已满足所申请执照的飞行经历要求，且该授权教员在申请日期之前的 60 天内，已对申请人进行了准备实践考试的飞行教学，并且认为该申请人有能力通过考试；

2.5　实践考试成绩有效期自实践考试首项科目通过之日起，至 60 个日历日后止，申请人应在该有效期内通过实践考试；（如有效期内未通过实践考试，则实践考试所有科目成绩无效，需重新参加实践考试）

2.6　实践考试申请人已填写了现行的《实践考试工作单》，并签字确认；

2.7　为实践考试提供与所申请执照或者等级对应的无人机系统及相关设备；

2.8　实践考试前，申请人须出示本人的居民身份证、公安部门出具的带照片的户籍证明或本人已经获得的无人机驾驶员执照；

2.9　对于申请补考的申请人，除须满足以上要求外，还要求申请人携带上一次《实践考试工作单》，实践考试工作单下方须有具有相应等级教员的签注证明该申请人针对上次实践考试未通过的内容接受了必要的补充训练，具备能力通过实践考试。实践考试补考日期与上一次相同等级要求的实践考试日期间隔最少为 14 个日历日。

3.实践考试工作单

民用无人机驾驶员实践考试工作单

用墨水笔或打印填写所有项目

姓　　名	身份证号		
考试日期＿＿＿年＿＿＿月＿＿＿日 地点＿＿＿＿＿＿＿＿＿＿	培训单位:		
所用航空器类别: 固定翼□　　直升机□　　多旋翼□ 垂直起降固定翼□　　自转旋翼机□ 飞艇□　　　　其他□＿＿＿＿	等级:视距内□　　超视距□　　教员等级□ 所用航空器分类等级 Ⅲ□　Ⅳ□　Ⅴ□　Ⅵ□　Ⅶ□　Ⅷ□　Ⅺ□　Ⅻ□		

考试项目	考试结论:＿＿＿＿＿＿			补考推荐:＿＿＿＿＿＿			补考推荐:＿＿＿＿＿＿		
	结论	考试员	日期	结论	考试员	日期	结论	考试员	日期
实践飞行									
综合问答									
地面控制站									

补考推荐表示该申请人针对上次实践考试未通过的内容接受了必要的补充训练,具备能力通过实践考试。

考试项目	补考推荐:＿＿＿＿＿＿			补考推荐:＿＿＿＿＿＿			补考推荐:＿＿＿＿＿＿		
	结论	考试员	日期	结论	考试员	日期	结论	考试员	日期
实践飞行									
综合问答									
地面控制站									

Ⅰ.飞行前准备	注:考试员应根据当时的天气情况设置一个考试方案以评估科目 C 和 D。		
A.证照及文件			
B.适航要求			
C.天气信息			
D.空域			
E.性能和限制数据			
F.任务描述与分解			
G.航线规划与编辑			
H.航线规划中的应急处理方案			
Ⅱ.飞行前程序			
A.飞行器检查	★		

B. 地面站检查			
C. 发动机或动力电机启动	★		
D. 起飞/发射前检查	★		
Ⅲ. 机场或基地检查			
A. 无线电通信	★		
B. 起落航线范围			
C. 跑道/发射回收区	★		
Ⅳ. 操作范围（起飞/发射、着陆/回收、复飞）	注：如无侧风，应用口试的方法对申请人侧风飞行知识进行评估。		
A. 正常和侧风条件下的起飞、发射和爬升	★		
B. 正常和侧风条件下的进近和着陆	★		
C. 不满足着陆条件下的复飞			
Ⅴ. 航线飞行			
A. 与飞行相关数据的获取			
B. 切换航路点或修改航路点	★		
C. 改变速度			
D. 改变高度	★		
E. 飞行控制模式的切换	★		
Ⅵ. 应急操作	注：遭遇考核或口试		
A. 下行链路故障			
B. 上行链路故障			
C. 动力系统故障			
D. 机载系统故障			
E. 地面站故障			
F. 起落架或回收装置故障			
G. 飞行平台操纵面故障			
H. 飞行平台其它故障			
I. 迫降或应急回收的实施	★		
Ⅶ. 夜间飞行	注：可选		
A. 飞行器降落或回收后检查	★		
Ⅸ. 机长			
A. 空域申请与空管通讯			
B. 航空气象获取与分析			
C. 系统检查程序			
D. 正常飞行程序指挥			

			包括规避空器,发动机故障、链路丢失、应急回收、迫降等
E.应急飞行程序指挥			
F.任务执行指挥			

综合评估			
项　　目	考试结论		备注
	通过	不通过	
正常程序操作			
获得飞行数据能力			
故障的判断与处理能力			
危险飞行状态的警觉性			
空城、防撞			
检查单的使用			
飞行安全			
机组资源管理			

考试员评语及结论		
评语:		
结论: □通过　　　□不通过 考试员编号＿＿＿＿＿＿签字＿＿＿＿＿＿日期＿＿＿＿＿＿		
局方审核	监察员审查意思 □同意　　□不同意	监察员签字 日期　　年　　月　　日

填写说明

1.工作单位:指申请人的具体工作单位。

2.运行基地:指申请人所在的运行基地。

3.如使用模拟机/训练器考试,考试的地点应填写培训机构名称和地点。

4.航空器型号:应该填写具体型号,而不是种类,例如:彩虹—2型无人机、DUF—2型无人机等。

5.如果申请人达到实践考试的标准,则应相应科目的考试结论栏中标记"√",如果申请人未能达到实践考试的标准,则应在相应科目的考试结论栏中标记"×"。

6.备注:应填写申请人存在的主要问题和考试员认为需要说明的内容。

附件 5 民用无人机驾驶员实践考试标准

1. 实践飞行考试科目标准

1.1   固定翼类别

1.1.1   视距内驾驶员等级

固定翼类别视距内驾驶员等级实践飞行考试科目可使用姿态模式(飞控内回路参与控制,即飞行姿态辅助与导航辅助功能都使用)。

科目 a:起飞(轮式/弹射/手抛等);

科目 b:在第 3 边模拟发动机失效,模拟接地高度小于 5 m;

科目 c:降落或定区域回收。

1.1.2   超视距驾驶员等级

固定翼类别超视距驾驶员等级实践飞行考试科目可使用姿态模式(飞控内回路参与控制,即仅使用飞行姿态辅助功能)。

科目 a:起飞(轮式/弹射/手抛等);

科目 b:水平 8 字:左右两圆直径 50 m;

科目 c:在第 3 边模拟发动机失效,模拟接地高度小于 5 m;

科目 d:降落或定区域回收。

1.1.3   教员等级

固定翼类别教员等级实践飞行考试科目仅可使用手动模式(飞控内外回路均不参与控制)。

科目 a:起飞(仅轮式);

科目 b:水平八字:左右两圆直径 50 m;

科目 c:在第 3 边模拟发动机失效,模拟接地高度小于 5 m;

科目 d:定区域降落。

1.2   直升机类别

1.2.1   视距内驾驶员等级

直升机类别视距内驾驶员等级实践飞行考试科目可使用导航辅助模式(飞控内、外回路均参与控制)

科目 a:悬停;

科目 b:慢速水平 360°;

科目 c:水平 8 字:左右两圆直径 6 m;

科目 d:定点降落。

1.2.2   超视距驾驶员等级

直升机类别超视距驾驶员等级实践飞行考试科目可使用增稳模式(飞控仅内回路参与控制,飞控不能执行导航辅助功能)。

科目 a:悬停;

科目 b:慢速水平 360°;

科目 c:水平 8 字:左右两圆直径 6 m;

科目 d:定点降落。

1.2.3　教员等级

直升机类别教员等级实践飞行考试科目仅可使用手动模式(飞控内、外回路均不参与控制)。

科目 a:悬停;

科目 b:慢速水平 360°;

科目 c:后退水平 8 字:左右两圆直径 6 m;

科目 d:定点降落。

1.3　多旋翼类别

1.3.1　视距内驾驶员等级

多旋翼类别视距内驾驶员等级实践飞行考试科目可使用导航辅助模式(飞控内、外回路均参与控制)。

科目 a:悬停;

科目 b:慢速水平 360°;

科目 c:水平 8 字:左右两圆直径 6 m;

科目 d:定点降落。

1.3.2　超视距驾驶员等级

多旋翼类别超视距驾驶员等级实践飞行考试科目可使用增稳模式(飞控仅内回路参与控制)

科目 a:悬停;

科目 b:慢速水平 360°;

科目 c:水平 8 字,左右两圆直径 6 m;

科目 d:定点降落。

1.3.3　教员等级

多旋翼类别教员等级实践飞行考试科目可使用增稳模式(飞控仅内回路参与控制)(如适用)。

科目 a:悬停;

科目 b:慢速水平 360°;

科目 c:后退水平 8 字,左右两圆直径 6 m;

科目 d:定点降落。

1.4　垂直起降固定翼类别

1.4.1　视距内驾驶员等级

科目 a:定点自动起飞;

科目 b:规划起落航线及水平八字航线,并完成航线飞行科目;

科目 c:定点自动降落。

1.4.2　超视距驾驶员等级

科目 a:起飞前检查;

科目 b:定点自动起飞;

科目 c:规划起落航线及水平八字航线,并完成航线飞行科目;

科目 d:临时更改航点位置、飞行高度并执行;

科目 e:定点降落。

1.4.3　教员等级

科目 a:执行起飞中断程序;

科目 b:执行航线飞行中断程序并应急返航;

科目 c:模拟航线飞行过程中自主控制失效,切换遥控器操纵模式手动返航并定点降落。

1.5　直升机类别Ⅴ分类等级(目前仅设置视距内驾驶员等级,实践考试仅实践飞行科目)。

直升机类别Ⅴ分类等级驾驶员实践飞行考试科目可使用导航辅助模式(飞控内、外回路均参与控制)。

科目 a:起飞;

科目 b:悬停;

科目 c:耕地航线;

科目 d:定点降落。

1.6　多旋翼类别Ⅴ分类等级(目前仅设置视距内驾驶员等级)

多旋翼类别Ⅴ分类等级驾驶员实践飞行考试科目可使用导航辅助模式(飞控内、外回路均参与控制)。

科目 a:起飞;

科目 b:悬停;

科目 c:耕地航线;

科目 d:定点降落。

2.地面站考试标准

2.1　地面站考试设备和要求

地面站考试需申请人自行准备具备考试所需功能以及飞行态势记录功能的地面站设备。在实施考试时考试员检查设备的适用性,如因设备不符合要求或准备不充分导致考试无法进行,终止考试,申请人可申请缓考。

2.2　考试程序

地面站科目考试程序按照飞行活动组织实施的四个阶段进行,包括预先准备、飞行前准备、飞行实施和飞行后讲评。只有通过前阶段的考试后方可进入下一阶段的考试。

2.2.1　预先准备

预先准备阶段主要进行航线规划、标准操作程序与应急操作程序准备、飞行器系统检查三方面内容。这些工作可提前准备,必须在飞行前准备之前完成。考试员在飞行前准备阶段,检查2.2.1.3的完成情况,未完成不得进入下一阶段考试。

2.2.1.1　航线规划

考试员于飞行前准备阶段以前,依据表1中的航线形式要求公布本次需规划的任务航线(不多于4条),申请人可事先规划好任务航线,并检查航线的可实施性和安全性。航线的安全性包括但不限于满足空域要求、禁飞区要求和人口稠密区要求,规划的航线不能产生不安全的后果。

表1　航线规划要求

起飞点确认	根据预先规划的航线,确认起飞点坐标			
航线形状	地图点选		相对坐标编辑	航线模板
航线形状	1.闭合多边形	2.多线段(≥4)非闭合航线	3.对地扫描航线	4.圆形航线
航线高度	要求根据考试场地情况进行高度补偿,航线应设置飞行器性能允许下的高度变化,变化幅度应目视观察可见			
航点属性	性能允许的高度及速度变化			
应急操作	设置应急返航点、位置信息丢失的处理程序			

2.2.1.2　标准操作程序(SOP)与应急操作程序准备

申请人应事先准备标准操作程序与应急操作程序。包括但不限于起飞、飞行中更改航线、降落、应急返航、应急降落等内容,形成纸质文件在飞行前准备阶段提交考试员审核。

2.2.1.3　飞行器系统检查

申请人应事先检查好考试所用无人机系统状态。包括但不限于结构、动力、电池、螺旋桨、自动驾驶仪、数据链路的完整性等,形成纸质检查单,在飞行前准备阶段提交考试员检查。

2.2.2　飞行前准备(6分钟)本阶段从任务检查开始到完成航线检查和装订结束,需在6分钟之内完成。

2.2.2.1　任务检查

申请人向考试员介绍飞行任务说明、空域场务、气象获取与分析、飞行人员编配等内容。

2.2.2.2　状态检查

检查确认飞行器、地面站及链路工作状态是否能正常完成本次任务。

2.2.2.3　航线检查

由实践考试员为申请人选取1条考试任务航线。申请人依据考试员指令选取空域、位置、方向装订并调整航线,考试员可指挥申请人在2.2.1.1表1中的范围内对上传的航线进行修改并检查航线。如满足要求则可进入飞行实施阶段。

2.2.3　飞行实施(6分钟)

飞行实施阶段包括从起飞到着陆的全部过程,申请人需按2.2.3.1和2.2.3.2的程序操作,本阶段需在6分钟内完成。

2.2.3.1　正常操作程序

（a）自动起飞，按规划航线执行飞行任务；

（b）在地面控制站监控仪表，正确识别飞行数据、飞行的正常或故障状态；

（c）修改航线并执行，按考试员指令要求在操作时间限制内修改航线；修改航线按下列三者选一：

（1）30 秒内单一航点变高；

（2）60 秒内单一航点的增减或位置变更；

（3）30 秒内修改平飞速度。

2.2.3.2　应急操作程序

（a）按考试员指令要求在地面站进行应急返航操作，要求操作时间不多于 15 秒；

（b）模拟位置信息丢失，仅参照地面站显示的航空器航向、姿态和速度信息，以姿态模式遥控操纵无人机应急返航。需要满足以下要求：

（1）考试员遮挡航迹或飞机位置信息，指令学员返航操作；

（2）学员应操纵无人机应急返航，在切换姿态模式开始的 30 秒内归航航向与直线归航航线角误差应不超过±45°；

（3）参照地面站显示的姿态、航迹、航向、高度等信息，保持航线高度±5 米以内超视距飞行；

（4）由考试员恢复航迹或位置显示，学员在保障安全的条件下遥控无人机返回本场范围，根据考试员口令切换操纵模式进行降落。

2.2.4　飞行后讲评

飞行实施完成后，所有学员应参与飞行后讲评，通过的学员简述本次飞行任务的执行过程，每人时间不超过 30 秒。未通过的学员应简述执行过程中出现的问题，每人时间不超过 60 秒。最后由考试员进行综合讲评，完成地面站考试全部内容。

3.特殊考试项目标准

对于Ⅺ、Ⅻ分类等级，考试中除对附件 1 相关训练内容进行操作考核，还应对下列内容进行充分口试：

3.1　所使用的无人机系统特性；

3.2　所使用的无人机系统正常操作程序；

3.3　所使用的无人机系统应急操作程序。

附件 6　民用无人机驾驶员实践考试委任代表管理办法

1.总则

1.1　目的

为规范局方民用无人机驾驶员实践考试委任代表（以下简称：委任代表）实施民用无人机驾驶员实践考试工作，明确相应职责和权利，特制定本办法为委任代表及申请人提供必要的政策、标准及程序指导。

1.2　定义

实践考试,是指为取得民用无人机驾驶员执照或等级进行的操作方面的考试(包括口试),该考试通过申请人在飞行中演示操作动作及回答问题的方式进行。

考试员,是指由局方授权实施民用无人机驾驶员执照或等级实践考试的人员。考试员应当是局方按照本管理办法委任的委任代表或符合资质要求的局方飞行标准监察员。

考试权利,是指履行考试员被授权实施民用无人机驾驶员执照或等级的实践考试的权利。申请人,是指为申请驾驶员执照或等级而接受实践考试的自然人。

2. 一般规定

2.1　考试员的权利

(a) 考试员可以在授权范围内,根据局方的指派对申请人实施实践考试,授权范围不包括直接接受申请人的实践考试申请;

(b) 对于已经通过考试并满足驾驶员执照或等级要求的申请人,考试员可以在其实践考试文件(实践考试工作单等)上签字,证明该申请人满足有关驾驶员执照或等级的要求,并作为申请颁发执照或等级的依据;

(c)对于已经通过实践考试的申请人,考试员可以在申请人的《中国民航飞行经历记录本》飞行检查记录页上进行相应签注;

(d) 如果不是由于申请人表现失败的原因中止考试,例如无法预料的天气、申请人或考试员在实践考试期间失能、在考试开始后航空器机械故障或其它无法预料的情况等,考试员可以向申请人声明中断考试。

2.2　考试员的限制

(a) 考试员禁止更改任何申请人所持有的执照或等级以及执照上已载明的签注;

(b) 考试员禁止增补除被授权实施的实践考试外的执照或等级以及飞行检查记录页签注;

(c) 如果考试员不具备考试所用航空器的类别、分类等级(如适用),则考试员不得为该等级航空器的申请人实施实践考试,但执照持有人在其执照有效期内申请的执照更新考试不受此条限制;

(d) 如果考试员不满足本管理办法中规定的条件,则考试员不得实施实践考试。

2.3　考试员行使考试权利的一般规定

(a) 考试员不得对自己训练的申请人实施实践考试。

(b) 考试员代表局方对申请人实施实践考试,考试员的职责是观察申请人是否具备完成实践考试要求的各项操作的能力。考试员在实践考试期间不是该航空器的机长,但是如果需要,经预先安排并经考试员本人同意,方可担任该次飞行的机长。

(c) 考试员对执照或等级申请人实施实践考试时,在某些情况下可能需要给予申请人必要的建议或协助。如果考试员需要在飞行操纵方面给予申请人建议或协助,则这种建议或协助将构成申请人考试失败的依据。

3. 委任代表管理程序

3.1　委任代表的审查、批准

局方负责委任代表候选人员的审查工作。

3.2　委任代表的条件

3.2.1　委任代表应当具备的基本条件：

（a）熟悉并能公正地执行有关法律、法规、规章和标准；

（b）具有正确的判断能力和认真负责的工作态度；

（c）在所委任工作的专业上具有足够的工作经验和熟练的技术；

（d）熟悉与所委任工作有关的最新技术和知识；

（e）持有现行有效的教员等级的驾驶员执照，具备相应的飞行教学资格，并履行训练机构的检查教员职责；

（f）近 12 个日历月内参加并通过局方组织的委任代表培训；

（g）近两年内具有飞行教学的经历；

（h）近两年内没有发生造成严重后果的飞行事故；

（i）具有中国国籍；

（j）对于因行政工作繁忙没有足够时间实施实践考试的人员，原则上不予聘任。

3.2.2　委任代表飞行经历要求和教学经历要求：

（a）固定翼：

飞行经历：300 小时机长时间，上一年度固定翼无人机的飞行次数不少于 30 次起落；

教学经历：固定翼无人机 150 小时飞行教学时间。

（b）直升机：

飞行经历：300 小时机长时间，上一年度无人直升机的 64 飞行次数不少于 30 次起落；

教学经历：无人直升机上 150 小时飞行教学时间。

（c）多旋翼：

飞行经历：500 小时机长时间，上一年度多旋翼无人机的飞行次数不少于 60 次起落；

教学经历：多旋翼无人机 300 小时飞行教学时间。

（d）飞艇：

飞行经历：150 小时机长时间，上一年度无人飞艇的飞行次数不少于 20 次起落；

教学经历：无人飞艇 50 小时飞行教学时间。

（e）自转旋翼机：

飞行经历：150 小时机长时间，上一年度无人自转旋翼机的飞行次数不少于 20 次起落；

教学经历：无人自转旋翼机 50 小时飞行教学时间。

（f）垂直起降固定翼：

飞行经历：150 小时机长时间，上一年度垂直起降固定翼的飞行次数不少于 20 次起落；

教学经历：垂直起降固定翼 50 小时飞行教学时间。

（g）其他：

飞行经历:相应类别无人机 150 小时机长时间,上一年度该类别无人机的飞行次数不少于 20 次起落。

教学经历:该类别无人机 50 小时飞行教学时间。

3.3　委任代表的委任程序

3.3.1　推荐

训练机构、考试点或无人机运营人(以下简称推荐单位)可按本管理办法 3.2 委任代表应当具备的条件的要求从推荐单位的检查教员中进行推荐,并将下列资料提交给局方:

(a) 委任代表申请表(样式见后);

(b) 申请人的民用无人机驾驶员执照(正反面)复印件;

(c) 满足委任代表飞行经历要求及教学经历要求的证明;

(d) 委任代表培训结业证书复印件。

3.3.2　审查

推荐单位应对本单位提交的资料是否齐全真实负责,局方将审查各推荐单位推荐的委任代表的资格,如有必要,应对被推荐人员进行面试和能力评估。

3.3.3　批准与颁证

(a) 局方按批次批准委任代表,发布审查结果文件,并在执照管理平台网站上予以公布;

(b) 由局方签发委任代表证件;

(c) 委任代表的有关资料由局方存档。

3.4　对委任代表的监督和管理

(a) 局方负责对委任代表的工作实施日常监督管理;

(b) 对委任代表执行的考试员工作进行完整记录;

(c) 局方应在委任代表的任期内对其进行持续培训,并每年进行至少一次考核和评估。考核和评估的结果要记入个人资料档案,作为能否继续担任委任代表和是否终止其任期的依据。

3.5　委任代表的任期

3.5.1　委任代表的任期为 2 年。

3.5.2　任期的终止:

3.5.2.1　当出现下列一种或多种情形,局方可以终止委任代表的任期:

(a) 推荐单位或委任代表本人书面要求终止;

(b) 实践考试时不能秉公办事,弄虚作假,徇私舞弊,超越职权,经调查情况属实;

(c) 委任代表未持续满足 3.2 委任代表的条件;

(d) 局方认为需要终止其任期的。

3.5.2.2　在发生 3.5.2.1 的任一情况时,局方立即终止其考试权利,通知委任代表的任期终止,撤销证件并在网站上予以公布。

委任代表申请表

姓名：		免冠证件照片
执照编号：		
申请类别： □固定翼 □直升机 □多旋翼 □无人飞艇 □无人自转旋翼机 □垂直起降固定翼 □其他	申请分类： □Ⅲ □Ⅳ □Ⅴ □Ⅵ □Ⅺ □Ⅻ	

所申请等级飞行经历	
项目	时间
机长时间：	_____小时
上一年度飞行次数：	_____起落
教学经历	_____

□附申请人身份证复印件（正反面） □附申请人民用无人机驾驶员执照复印件（正反面） □附委任代表培训结业证书复印件 □附推荐机构推荐书	
本人承诺：上述表格中所填写的内容（及附件）真实、完整，如有虚假，由本人承担一切责任。 签名：_____ _____年_____月_____日	本推荐机构对上述提交的资料是否齐全、真实负责。 此处加盖单位公章
局方意见： 监察员（签名）：　　　日期：	

附件 7　民用无人机驾驶员考试点管理办法

1. 目的

为规范民用无人机驾驶员考试相关工作，特制定本管理办法。

2. 考试点的要求

2.1　考试点选址要求

民用无人机驾驶员考试点原则上选在交通便利的省级行政中心，所处省级行政区内的每月平均申请考试人数总和不低于 100 人，考试点应能持续满足 2.2 及 2.3 的要求。

2.2　理论考场要求

考试点应设置理论考场，应能容纳 25 人以上同时参加理论考试，座位之间横向间隔大于 0.4 米，电脑桌采用带屏风的隔断桌。理论考场内应设置违禁物品摆放区，面积至少为 0.3 平方米乘以考场最大容纳考生人数,且与电脑桌的水平距离不得少于 1.5 米。理论考场装修应满足防火防盗的要求,做好综合布线,注意强弱电分离,所有电源线、网线、电话线都要暗埋,理论考场应提供稳定高速的互联网环境,每个座位配备电脑应安装不低于 Windows XP 版本的正版操作系统,配备有至少一台可正常工作的打印机,所有电脑不允许安装任何具有可能构成违反《民用无人机驾驶员理论考试一般规定》(附件 3)规定行为功能的控制软件和硬件。在考场上方应安装合适数量的摄像装置,数量以能够不间断地监控到每一位考生考试全过程为准,考试点负责人须保证所有监控录像的真实性与完整性,须保留至少 3 个月。

2.3　实践飞行考场要求

考试点实践飞行考场须处于经空中交通管制单位批准使用的民用无人机飞行空域中,且由考试点负责人按照相关规定报送飞行计划与飞行情况汇报,合法飞行。考试点应设置不少于两个实践飞行考场(其中至少包括一个满足固定翼类别Ⅳ分类等级无人机飞行条件的实践飞行考场),每个实践飞行考场内应设置相互安全隔离的飞行区、实践飞行考试区及实践飞行待考区。飞行区须能保证考试无人机在其中可以完成《民用无人机驾驶员实践考试标准》(附件 5)要求的飞行科目,且其按照考试科目要求的轨迹与区域边缘应有不小于 5 米的水平安全间隔,如飞行区边缘存在与按照考试科目要求的轨迹间隔低于 5 米的区域,则该区域应设置高度不低于 2 米的安全隔离网,其他飞行区边缘区域应设置有醒目可见的警告线或警告装置。实践飞行考试区应容纳不多于 7 人,以及实施考试所需的设施设备等,实践飞行考试区边缘应设置有高度 0.6 米的隔离线。实践飞行待考区应能容纳不多于 20 人,其边缘与实践飞行考试区边缘距离不少于 2 米。在考场应安装合适数量的摄像装置,数量以能够不间断地监控到每一位考生考试全过程为准,考试点负责人须保证所有监控录像的真实性与完整性,须保留至少 3 个月。

3. 考试点的管理

考试点须指定一名考试点负责人,并配备有适当数量的工作人员,配合考试员完成考试的实施工作。

考试点的考试时间安排依据局方公布的信息为准,考试点的运行应持续满足本管理办法要求。

3.1　理论考场的管理

有计划地组织考试,考试过程中未经考试员允许任何人不得进入理论考场,避免考场秩序混乱。

不允许考生使用自带稿纸,如考生要求可由考试员发放稿纸,考试结束后稿纸必须完整地留下。

不允许考生使用电子计算器、电子词典、手机等设备以及类似的电子产品。

原则上不允许考生中途离开考场,再返回继续考试。中途离开者,按考试结束处理。

考试点负责做好录像保障工作,没有录像或录像中断,视为无效考试。

3.2　实践飞行考场的管理

有计划地组织考试,考场工作人员应配合考试员负责维持考试点及实践飞行待考区秩序,避免考场秩序混乱。

考试过程中未经考试员允许任何人不得进入实践考场的飞行区与实践飞行考试区。

除按考试员安排进出实践飞行考场的学员外,其他人员与实践飞行考场水平距离不得低于5米。

考试点负责做好录像保障工作,没有录像或录像中断,视为无效考试。

4. 考试点的申请与审查

4.1 考试点的预申请

预申请成立民用无人机驾驶员考试点的单位须于考试点建设开展前向局方提供以下材料:

(一)民用无人机驾驶员考试点书面预申请书;

(二)民用无人机驾驶员考试点的建设方案;

(三)单位机构简介(含名称、法人代表、组织机构,培训等方面的情况);

(四)相关的管理制度。

局方于收到考试点的预申请材料之日起10个日历日内审查相关材料是否符合本管理办法要求并批复。

4.2 考试点的申请

预申请成立民用无人机驾驶员考试点的单位如接收到局方的批准后,方可按照批准的方案及要求开展考试点建设工作,完成后可向局方正式提交民用无人机驾驶员考试点申请,并提交以下材料:

(一)民用无人机驾驶员考试点申请书;

(二)民用无人机驾驶员考试点的场地布局详图;

(三)考试点运行相关管理制度。

4.3 考试点的评估与开放

局方在考试点建设完成后,负责对考试点的软硬件环境、管理制度、人员配备等进行评估。局方组织申请单位的考试点开放评估,评估合格的考试点方可投入使用。可开放的考试点采取清单制管理;考试点清单可于无人机执照管理平台网站内查询。可开放的考试点在清单上的载明有效期一般为三年;特殊情况下,局方可根据持续评估情况更新有效期为一年至三年的考试点清单。

4.4 考试点的质量管理

局方在清单有效期满前60天内对考试点管理责任单位进行质量管理持续评估,评估合格后,更新考试点清单;质量管理评估内容包括软硬件环境、管理制度、人员配备和考试数据核查等;未能通过局方质量管理持续评估或考试清单有效期期满的考试点,停止其执照理论考试的权利;经核实考试点发生严重影响执照理论考试公正性情况后,立即暂停考试权利;违规发生日前受影响的考试成绩作废。

附录 C　民用无人机驾驶员合格审定规则

（编号:T/AOPA0008—2019）

1.总则

1.1　目的和依据

为建立一个完整、系统、有操作性的标准,以规范民用无人机驾驶员的合格审定和管理工作,制定本规则。

1.2　适用范围

(1)本规则适用于协会无人机管理办公室(以下简称:办公室)对民用无人机驾驶员合格证的颁发和管理工作。

(2)办公室负责管理的民用无人机驾驶员的合格证申请及权利行使须遵守本规则的规定。

1.3　定义

1.3.1　无人机(UA:unmanned aircraft),是由控制站管理(包括远程操纵或自主飞行)的航空器。也称远程驾驶航空器(RPA:remotely piloted aircraft)。

1.3.2　无人机系统(UAS:unmanned aircraft system),也称远程驾驶航空器系统(RPAS:remotely piloted aircraft systems),是指由无人机、相关的控制站、所需的指令与控制数据链路以及批准的型号设计规定的任何其他部件组成的系统。

1.3.3　无人机系统视距内驾驶员,由运营人指派对无人机的运行负有必不可少职责并在飞行期间适时操纵无人机的人。

1.3.4　无人机系统超视距驾驶员(机长),是指在系统运行时间内负责整个无人机系统运行和安全的驾驶员。

1.3.5　等级,是指填在合格证上或与合格证有关并成为合格证一部分的授权,说明关于此种合格证的特殊条件、权利或限制。

1.3.6　类别等级,指根据无人机产生气动力及不同运动状态依靠的不同部件或方式,将无人机进行划分并成为合格证一部分的授权,说明关于此种合格证的特殊条件、权利或限制。

1.3.7　级别等级,指依据民用无人机空机重量、起飞全重、使用特性等将其进行划分并成为合格证一部分的授权,说明关于此种合格证的特殊条件、权利或限制。

1.3.8　固定翼无人机,指动力驱动的重于空气的一种无人机,其飞行升力主要由给定飞行条件下保持不变的翼面产生。在本规则中作为类别等级中的一种。

1.3.9　无人直升机,是指一种重于空气的无人机,其飞行升力主要由在垂直轴上一个或多个动力驱动的旋翼产生,其运动状态改变的操纵一般通过改变旋翼桨叶角来实现。在本规则中作为类别等级中的一种。

1.3.10 多旋翼无人机,是指一种重于空气的无人机,其飞行升力主要由三个及以上动力驱动的旋翼产生,其运动状态改变的操纵一般通过改变旋翼转速来实现。在本规则中作为类别等级中的一种。

1.3.11 垂直起降固定翼无人机(VTOL),是指一种重于空气的无人机,垂直起降时由直升机、多旋翼或直接推力等方式实现,水平飞行由固定翼或旋翼等方式实现,且垂直起降与水平飞行方式可在空中自由转换。在本规则中作为类别等级中的一种。

1.3.12 无人自转旋翼机,是指一种无人旋翼机,其旋翼仅在起动或跃升时有动力驱动,在空中平飞时靠空气的作用力推动自由旋转。这种无人旋翼机的推进方式通常是使用独立于旋翼系统的推进式动力装置。在本规则中作为类别等级中的一种。

1.3.13 无人飞艇,是指一种由动力驱动能够操纵的轻于空气的无人航空器。

1.3.14 植保无人机,是指用于喷洒农药;喷洒用于作物养料、土壤处理、作物生命繁殖;虫害控制的任何其他物质或从事直接影响农业、园艺或森林保护的喷洒任务(但不包括撒播活的昆虫)的民用无人机。其驾驶员应当持有相应类别、级别的驾驶员合格证。

1.3.15 飞行经历时间,是指为符合民用无人机驾驶员的训练和飞行时间要求,操纵无人机或在模拟机上所获得的飞行时间,这些时间应当是作为操纵无人机系统必需成员间,或从授权教员处接受训练或作为授权教员提供教学的时间。

1.3.16 理论考试,是指航空知识理论方面的考试,该考试是颁发民用无人机驾驶员合格证所要求的,通过无人机管理办公室组织的计算机考试来实施。

1.3.17 实践考试,是指为取得民用无人机驾驶员合格证进行的操作方面的考试(包括实践飞行、综合问答、地面站操作),该考试通过申请人在飞行中演示操作动作及回答问题的方式进行。

1.3.18 授权教员,是指持有按本规则颁发的具有教员等级的驾驶员合格证,并依据其教员等级上规定的权利和限制执行教学的人员。

1.3.19 申请人,是指申请驾驶员合格证的自然人。

1.4 驾驶员合格证和等级的要求

1.4.1 视距内驾驶员合格证

担任操纵无人机必需成员并负责飞行操纵与安全的驾驶员,应当持有按本规则颁发的有效驾驶员合格证,并且在行使相应权利时随身携带该合格证。

1.4.2 超视距驾驶员合格证

担任操纵无人机必需成员并负责无人机系统运行和安全的驾驶员,应当持有按本规则颁发的超视距驾驶员合格证,并且在行使相应权利时随身携带该合格证。

1.4.3 教员等级

(1)是按本规则颁发的具有教员等级的超视距驾驶员合格证的人员,行使教员权利应当随身携带该合格证;

(2)未具有教员等级的超视距驾驶员合格证持有人不得从事下列活动(不适用于教学人员):

（ⅰ）向准备获取单飞资格的人员提供训练；

（ⅱ）签字推荐申请人获取驾驶员合格证或增加等级所必需的实践考试；

（ⅲ）签字推荐申请人参加理论考试或实践考试未通过后的补考；

（ⅳ）签署申请人的飞行经历记录本；

（ⅴ）在飞行经历记录本上签字，授予申请人单飞权利。

1.5　按本规则颁发的驾驶员合格证及其等级

1.5.1　对完成本规则所要求的相应训练并符合所申请合格证要求的申请人颁发下列相应的驾驶员合格证及等级：

（1）视距内驾驶员合格证；

（2）超视距驾驶员合格证；

（3）教员等级。

1.5.2　对按照本规则要求的相应训练并符合所申请合格证及等级的申请人，在其合格证上签注以下等级：

（1）类别等级：

（ⅰ）固定翼无人机；

（ⅱ）无人直升机（无人直升机类别等级合格证可行使相应级别等级多旋翼类别等级驾驶员合格证权利）；

（ⅲ）多旋翼无人机；

（ⅳ）垂直起降固定翼无人机；

（ⅴ）无人自转旋翼机；

（ⅵ）其他。

（2）级别等级：

（ⅰ）重量级别等级排列顺序由低往高为：Ⅶ、Ⅲ、Ⅳ、Ⅺ、Ⅻ，高级别等级合格证可行使低级别等级合格证权利；

（ⅱ）Ⅴ、Ⅵ级别等级不按重量级别划分。

附级别等级划分表：

分类	空机重量/千克	起飞全重/千克
Ⅰ	$0 < W \leqslant 1.5$	
Ⅱ	$1.5 < W \leqslant 4$	$1.5 < W \leqslant 7$
Ⅲ	$4 < W \leqslant 15$	$7 < W \leqslant 25$
Ⅳ	$15 < W \leqslant 116$	$25 < W \leqslant 150$
Ⅴ	植保类无人机	
Ⅵ	无人飞艇	
Ⅶ	超视距运行的Ⅰ、Ⅱ类无人机	
Ⅺ	$116 < W \leqslant 5700$	$150 < W \leqslant 5700$
Ⅻ	$W > 5700$	

注1:实际运行中,Ⅰ、Ⅱ、Ⅲ、Ⅳ、Ⅺ、Ⅻ类分类有交叉时,按照较高一级的类别分类。

注2:对于串、并列运行或者编队运行的无人机,按照总重量分类。

注3:地方政府(例如当地公安部门)对于Ⅰ、Ⅱ类无人机重量界限低于本表规定的,以地方政府的具体要求为准。

注4:本规则对于Ⅰ、Ⅱ等级不适用。

1.6 涉及酒精及药物的违禁行为

驾驶员合格证持有人在饮用任何含酒精饮料之后的8小时之内或处在酒精作用之下,血液中酒精含量等于或者大于0.04%,或受到任何药物影响损及工作能力时,不得担任无人机驾驶员。

存在以下情况者,不符合持有无人机驾驶员合格证的条件:有精神病史;五年内有吸食、注射毒品行为或者解除强制隔离戒毒措施未满五年,或长期服用依赖性精神药品成瘾尚未戒除的。

1.7 合格证的更新和重新办理

1.7.1 按照本规则颁发的驾驶员合格证有效期为两年,如在有效期内增加等级,则合格证有效期与最高的合格证等级有效期保持一致,若最高的合格证等级未按时更新,则在其之后增加的等级将在到期之日自动延长两年有效期。合格证持有人在有效期满后不得继续行使该合格证赋予的权利。

1.7.2 合格证持有人应在合格证有效期满前三个月内向无人机管理办公室申请重新颁发合格证。申请颁发流程为下载并登录应用"云合格证"、在线申请合格证更新、换发新证。

1.7.3 合格证在有效期内因等级或备注等信息发生变化重新颁发时,其有效期自重新颁发之日起计算。

1.7.4 合格证过期的申请人须重新通过相应的理论及实践考试方可申请重新颁发合格证。

1.8 增加等级

1.8.1 在驾驶员合格证上增加等级,申请人应当符合本条1.8.2到1.8.4的相应条件。

1.8.2 在合格证上增加类别等级,申请人应当符合下列规定(在合格证上增加Ⅵ级别等级适用):

(1)完成了相应合格证等级及其类别和级别等级要求的训练,符合本规则规定的相应合格证等级及其类别和级别等级的航空经历要求;

(2)由授权教员在申请人的飞行经历记录本和训练记录上签字,证明其在相应合格证等级及其类别和级别等级的航空知识方面是合格的;

(3)由授权教员在申请人的飞行经历记录本和训练记录上签字,证明其在相应合格证等级及其类别和级别等级的飞行技能方面是合格的;

(4)通过了相应合格证等级及其类别等级要求的理论考试;

（5）通过了相应合格证等级及其类别和级别等级要求的实践考试。

1.8.3　在合格证上增加级别等级，申请人应当满足下列要求（本条不适用于Ⅴ、Ⅵ级别等级）：

（1）完成了相应合格证等级及其类别和级别等级要求的训练，符合本规则规定的相应合格证等级及其类别和级别等级的航空经历要求，相同类别低级别等级无人机驾驶员增加级别等级须具有操纵所申请级别等级无人机的实践飞行训练时间至少10小时，其中包含不少于5小时授权教员提供的带飞训练；

（2）由授权教员在申请人的飞行经历记录本和训练记录上签字，证明其在相应合格证等级及其类别和级别等级的航空知识方面是合格的；

（3）由授权教员在申请人的飞行经历记录本和训练记录上签字，证明其在相应合格证等级及其类别和级别等级的飞行技能方面是合格的；

（4）通过了相应合格证等级及其类别和级别等级要求的实践考试。

1.8.4　在合格证上增加Ⅴ级别等级，申请人应当满足下列要求：

（1）依据《轻小无人机运行规定（试行）》（AC-91-FS-2015-31），完成了由授权教员提供的驾驶员满足植保无人机要求的训练；

（2）由授权教员在申请人的飞行经历记录本或者训练记录上签字，证明其在植保无人机运行相关航空知识方面是合格的；

（3）由授权教员在申请人的飞行经历记录本或者训练记录上签字，证明其在植保无人机运行相关飞行技能方面是合格的；

（4）由授权教员在申请人的飞行经历记录本和训练记录上签字，证明其已取得操纵相应类别Ⅴ级别等级无人机至少10小时的实践飞行训练时间；

（5）通过了相应类别等级植保无人机运行相关的理论考试。

2. 一般规定

2.1　合格证和等级的申请与审批

2.1.1　符合本规则规定条件的申请人，应当由训练机构代申请人向办公室提交申请合格证或等级的申请，申请人对其申请材料实质内容的真实性负责。

（1）在递交申请时，申请人还应当提交下述材料复印件至训练机构存档备查：

（ⅰ）身份证明；

（ⅱ）学历证明（如要求）；

（ⅲ）相关无犯罪记录声明；

（ⅳ）理论考试合格的有效成绩单；

（ⅴ）原驾驶员合格证（如要求）；

（ⅵ）飞行经历记录本（如要求）；

（ⅶ）实践考试合格证明。

（2）申请的受理、审查、批准：

对于申请材料及流程不符合办公室要求的，申请人应于办公室通知更改后5个工作日内完成相关信息的补正,逾期则须申请人重新进行合格证或等级的申请。

对于申请材料及流程符合办公室要求的,办公室应于 20 个工作日内受理,并在受理后 20 个工作日内完成最终审查作出批准或不批准的最终决定。

2.1.2 经办公室批准,申请人可以取得相应的合格证或等级。批准的无人机类别、级别或者其他备注由办公室签注在申请人的合格证上。

2.1.3 由于飞行训练或者实践考试中所用无人机的特性,申请人不能完成规定的驾驶员操作动作,因此未能完全符合本规则规定的飞行技能要求,但符合所申请合格证或者等级的所有其他要求的,办公室可以向其颁发签注有相应限制的合格证或者等级。

2.1.4 合格证被吊销的,自吊销之日起三年内不得申请本规则规定的任何合格证和等级,再次申请时原飞行经历视为无效。

2.2 考试的一般程序

按本规则规定进行的各项考试,应当由办公室指定人员主持,并在指定的时间和地点进行,依据《民用无人机驾驶员实践考试标准》(附件 1)判定考试结果。

2.3 理论考试的准考条件和通过成绩

2.3.1 理论考试的申请人应出示本人的居民身份证、护照或者办公室认可的其他合法证件以及训练机构提供的训练结业证明表明其已完成本规则对于所申请合格证或者等级要求的地面训练或自学课程。

2.3.2 理论考试的实施程序按照《民用无人机驾驶员理论考试须知》(附件 2)执行,理论考试的通过成绩由办公室确定。

2.4 实践考试的准考条件

2.4.1 实践考试的申请人应出示本人的居民身份证、护照或者办公室认可的其他合法证件。

2.4.2 符合颁发所申请的无人机驾驶员合格证的年龄限制。

2.4.3 在接受实践考试前 24 个日历月内已通过了所申请合格证或者等级要求的理论考试。

2.4.4 完成了必需的训练并满足了所申请合格证或者等级要求的飞行经历要求。

2.5 实践考试必需的无人机系统和设备申请本规则规定的合格证或者等级的申请人,应当为实践考试提供与所申请合格证或者等级对应的无人机系统及相关设备。

2.6 实践考试的实施与要求

2.6.1 实践考试的实施程序按照《民用无人机驾驶员实践考试须知》(附件 3)执行。

2.6.2 判断合格证或者等级申请人的操作能力应当依据下列标准:

(1)按照经批准的实践考试标准,安全完成相应合格证或者等级规定的所有动作和程序;

(2)熟练准确地通过不同形式地面控制站(如适用)操纵无人机,具有控制无人机的能力;

(3)具有良好的判断力;

（4）具备独立完成飞行前准备工作的能力；

（5）能灵活应用航空知识。

2.6.3　如果申请人未能按照2.6.2完成任一必需的驾驶员操作，则该申请人实践考试为不合格。

2.7　考试不合格后的再次考试

2.7.1　对于理论考试未通过的申请人，符合下列规定可以申请再次考试：

（1）申请人出示上一次理论考试成绩单，成绩单下方须有训练机构盖章和具有相应等级教员的签注证明该申请人针对上次理论考试未通过的航空知识内容接受了必要的补充训练，具备通过理论考试的能力；

（2）补考日期与上一次相同等级要求的理论考试日期间隔最少为28个日历日。

2.7.2　对于实践考试未通过的申请人，符合下列规定可以申请再次实践考试：

（1）申请人出示上一次实践考试工作单，工作单下方须有训练机构盖章和具有相应等级教员的签注证明该申请人针对上次实践考试未通过的飞行技能方面接受了必要的补充训练，具备通过实践考试的能力；

（2）由授权教员在申请人的飞行经历记录本和训练记录上签字，证明其接受了（1）中的补充训练；

（3）补考日期与上一次相同等级要求的实践考试日期间隔最少为14个日历日。

2.8　飞行记录本

2.8.1　合格证或等级申请人其飞行记录本须按照办公室公布的民用无人机驾驶员飞行经历记录本填写规范（附件4）填写；

2.8.2　在办公室授权的检查人员要求检验时，驾驶员合格证申请人或持有人应当出示其飞行经历记录本；

2.8.3　飞行记录本记录时间应与合格证或等级申请人在无人机云系统上记录的飞行经历时间相对应，不得虚假填写飞行记录本。

2.9　接受检查

驾驶员合格证申请人或持有人应当接受办公室定期或不定期的检查和考核，经检查、考核合格的，方可继续行驶其合格证载明的权利。

2.10　有效期内合格证的变更或补发

2.10.1　在按本规则颁发的合格证上更改个人信息，应当向办公室提交书面申请，申请书应当附有该申请人现行合格证、身份证复印件和证实这种改变的其他文件；

2.10.2　按本规则颁发的合格证遗失或者损坏后，申请人可以向办公室申请补发，申请方式为登录应用"云合格证"点击"我的"栏目提交无人机驾驶员合格证补发申请。

3.视距内驾驶员

3.1　适用范围

本章规定了颁发视距内驾驶员合格证的条件以及持有人的权限和应当遵守的一般运行规则。

3.2 资格要求

符合下列条件的申请人,办公室可以为其颁发视距内驾驶员合格证:

3.2.1 年满 15 周岁;

3.2.2 无犯罪记录;

3.2.3 具有初中或者初中以上同等文化程度;

3.2.4 完成了本规则 3.3 要求的相应无人机等级的航空知识训练,并由提供训练或者评审其自学情况的授权教员在训练记录上签字,证明该申请人可以参加规定的理论考试;

3.2.5 通过了本规则 3.3 要求航空知识的理论考试;

3.2.6 完成了本规则 3.4 要求的相应无人机等级的飞行技能训练,并由提供训练的授权教员在其飞行经历记录本上签字,证明该申请人可以参加规定的实践考试;

3.2.7 在申请实践考试之前,满足本章中适用于所申请无人机等级的飞行经历要求;

3.2.8 通过了本规则 3.4 要求飞行技能的实践考试;

3.2.9 符合本规则对所申请无人机类别和级别等级的相应条款要求。

3.3 航空知识要求

3.3.1 民用无人机驾驶员管理和民用无人机运行有关的中国民用航空规章;

3.3.2 气象学,包括识别临界天气状况,获得气象资料的程序以及航空天气报告和预报的使用;

3.3.3 航空器空气动力学基础和飞行原理;

3.3.4 无人机主要系统,导航、飞控、动力、链路、电气等知识;

3.3.5 无人机系统操作程序及通用应急操作程序;

3.3.6 所使用的无人机系统特性,包括:

(1)起飞和着陆要求;

(2)性能:

(ⅰ)飞行速度;

(ⅱ)典型和最大爬升率;

(ⅲ)典型和最大下降率;

(ⅳ)典型和最大转弯率;

(ⅴ)其他有关性能数据(例如风、结冰、降水限制);

(ⅵ)航空器最大续航能力。

3.3.7 植保无人机运行相关知识(Ⅴ级别适用),包括:

(1)开始作业飞行前应当完成的工作步骤,包括作业区的勘察;

(2)安全处理有毒药品的知识及要领和正确处理使用过的有毒药品容器的办法;

(3)农药与化学药品对植物、动物和人员的影响和作用,重点在计划运行中常用的药物以及使用有毒药品时应当采用的预防措施;

(4)人体在中毒后的主要症状,应当采取的紧急措施和医疗机构的位置;

(5)所用无人机的飞行性能和操作限制;

（6）安全飞行和作业程序；

（7）喷洒限制；

（8）喷洒记录保存。

3.4 飞行技能要求

3.4.1 通用部分：

（1）飞行前准备：包括气象判断、飞行空域与飞行计划申报、重量和平衡的计算、动力系统相关的准备、地面控制站的设置及起飞前无人机系统检查；

（2）起飞、着陆和复飞，包括正常、有风和倾斜地面的起飞和着陆；

（3）视距内机动飞行；

（4）机场和起落航线的运行；

（5）应急程序：包括飞行平台操纵系统故障、动力系统故障、数据链路故障、地面控制站故障及迫降或应急回收。

3.4.2 以下固定翼类别适用：

（1）地面滑行；

（2）临界小速度飞行，判断并改出从直线飞行和从转弯中进入的临界失速及失速；

（3）最大性能（短跑道和越障）起飞，短跑道或松软跑道着陆。

3.4.3 以下无人直升机类别适用：

（1）悬停，包括无人机平台正前方朝向不同方向时的悬停；

（2）以所需最小动力起飞和着陆，最大性能起飞和着陆；

（3）在涡环初始阶段的识别及改出。

3.4.4 以下多旋翼类别适用：

（1）悬停，包括无人机平台正前方朝向不同方向时的悬停；

（2）以所需最小动力起飞和着陆，最大性能起飞和着陆；

（3）模拟单个动力轴动力失效时的应急操纵程序。

3.4.5 以下垂直起降固定翼无人机类别适用：

（1）旋翼及螺旋桨动力切换故障处理或传动装置和互连式传动轴故障处理；（如适用）

（2）临界小速度飞行，判断并改出从直线飞行和从转弯中进入的临界失速及失速。

3.4.6 以下自转旋翼机类别适用：

以临界小速度机动飞行，对小速度大下降率状态的判断和改出。

3.4.7 植保无人机飞行技能要求（Ⅴ级别适用）：

以无人机的最大起飞全重完成起飞、作业线飞行等操作动作。

3.4.8 以下无人飞艇适用（Ⅵ级别适用）：

（1）最大性能（越障）起飞；

（2）识别漏气现象；

（3）轻着陆。

3.5 视距内驾驶员的飞行经历要求

驾驶员合格证的申请人应当具有操纵有动力的无人机至少 44 小时的飞行经历时间。

3.5.1　按照本规则 3.4 的飞行技能要求,对于多旋翼类别驾驶员合格证申请人,由授权教员提供不少于 10 小时带飞训练,不少于 5 小时单飞训练,计入驾驶员飞行经历的飞行模拟训练时间不多于 22 小时;

3.5.2　按照本规则 3.4 的飞行技能要求,对于除多旋翼类别外其他类别驾驶员合格证申请人,由授权教员提供不少于 16 小时带飞训练,不少于 6 小时单飞训练,计入驾驶员飞行经历的飞行模拟训练时间不多于 8 小时。

3.6　视距内驾驶员合格证持有人的权利和限制

视距内驾驶员合格证持有人可以在合格证载明的范围内行使权利。

4. 超视距驾驶员

4.1　适用范围

本章规定了颁发超视距驾驶员的条件以及持有人的权限和应当遵守的一般运行规则。

4.2　资格要求

符合下列条件的申请人,办公室可以为其颁发超视距驾驶员合格证:

4.2.1　年满 16 周岁;

4.2.2　无犯罪记录;

4.2.3　具有初中或者初中以上同等文化程度;

4.2.4　完成了本规则 4.3 要求的相应无人机等级的航空知识训练(驾驶员合格证持有人申请相应类别级别的超视距驾驶员合格证,须完成本规则 4.3 对于 3.3 的补充训练),并由提供训练或者评审其自学情况的授权教员在训练记录上签字,证明该申请人可以参加规定的理论考试;

4.2.5　通过了本规则 4.3 要求航空知识的理论考试;

4.2.6　完成了本规则 4.4 要求的相应无人机等级的飞行技能训练(视距内驾驶员合格证持有人申请相应类别级别的超视距驾驶员合格证,须完成本规则 4.4 对于 3.4 的补充训练),并由提供训练的授权教员在其飞行经历记录本上签字,证明该申请人可以参加规定的实践考试;

4.2.7　在申请实践考试之前,满足本章中适用于所申请无人机等级的飞行经历要求(视距内驾驶员合格证持有人申请相应类别级别的超视距驾驶员合格证,须完成本规则 4.5 对于 3.5 的补充训练);

4.2.8　通过了本规则 4.4 要求飞行技能的实践考试;

4.2.9　符合本规则对所申请无人机类别和级别等级的相应条款要求。

4.3　航空知识要求

4.3.1　民用无人机系统驾驶员管理和民用无人机运行有关的中国民用航空规章;

4.3.2　气象学,包括识别临界天气状况,获得气象资料的程序以及航空天气报告和预报的使用;

4.3.3　航空器空气动力学基础和飞行原理;

4.3.4   无人机主要系统,导航、飞控、动力、链路、电气等知识;

4.3.5   无人机系统操作程序及通用应急操作程序;

4.3.6   所使用的无人机系统特性,包括:

(1) 起飞和着陆要求;

(2) 性能:

(ⅰ) 飞行速度;

(ⅱ) 典型和最大爬升率;

(ⅲ) 典型和最大下降率;

(ⅳ) 典型和最大转弯率;

(ⅴ) 其他有关性能数据(例如风、结冰、降水限制);

(ⅵ) 航空器最大续航能力。

(3) 控制站界面、功能等知识以及控制站之间的交接程序(如适用)。

4.3.7   植保无人机运行相关知识(Ⅴ级别适用),包括:

(1) 开始作业飞行前应当完成的工作步骤,包括作业区的勘察;

(2) 安全处理有毒药品的知识及要领和正确处理使用过的有毒药品容器的办法;

(3) 农药与化学药品对植物、动物和人员的影响和作用,重点在计划运行中常用的药物以及使用有毒药品时应当采用的预防措施;

(4) 人体在中毒后的主要症状,应当采取的紧急措施和医疗机构的位置;

(5) 所用无人机的飞行性能和操作限制;

(6) 安全飞行和作业程序;

(7) 喷洒限制;

(8) 喷洒记录保存;

(9) 植保作业负责人的任务与职责。

4.4   飞行技能要求

4.4.1   通用部分:

(1) 飞行前准备:包括气象判断、飞行空域与飞行计划申报、重量和平衡的计算、动力系统相关的准备、地面控制站的设置及起飞前无人机系统检查;

(2) 起飞、着陆和复飞,包括正常、有风和倾斜地面的起飞和着陆;

(3) 视距内机动飞行;

(4) 机场和起落航线的运行;

(5) 应急程序:包括飞行平台操纵系统故障、动力系统故障、数据链路故障、地面控制站故障及迫降或应急回收;

(6) 飞行程序指挥及任务执行指挥;

(7) 航路航线的规划、实施及修改。

4.4.2   以下固定翼类别适用:

(1) 地面滑行;

（2）临界小速度飞行，判断并改出从直线飞行和从转弯中进入的临界失速及失速；

（3）最大性能（短跑道和越障）起飞，短跑道或松软跑道着陆。

4.4.3　以下无人直升机类别适用：

（1）悬停，包括无人机平台正前方朝向不同方向时的悬停；

（2）以所需最小动力起飞和着陆，最大性能起飞和着陆；

（3）在涡环初始阶段的识别及改出。

4.4.4　以下多旋翼类别适用：

（1）悬停，包括无人机平台正前方朝向不同方向时的悬停；

（2）以所需最小动力起飞和着陆，最大性能起飞和着陆；

（3）模拟单个动力轴动力失效时的应急操纵程序。

4.4.5　以下垂直起降固定翼无人机类别适用：

（1）旋翼及螺旋桨动力切换故障处理或传动装置和互连式传动轴故障处理，如适用；

（2）临界小速度飞行，判断并改出从直线飞行和从转弯中进入的临界失速及失速。

4.4.6　以下自转旋翼机类别适用：

以临界小速度机动飞行，对小速度大下降率状态的判断和改出。

4.4.7　植保无人机飞行技能要求（Ⅴ级别适用）：

以无人机的最大起飞全重完成起飞、作业线飞行等操作动作。

4.4.8　以下无人飞艇适用（Ⅵ级别适用）：

（1）最大性能（越障）起飞；

（2）识别漏气现象；

（3）轻着陆。

4.5　超视距驾驶员合格证的飞行经历要求

4.5.1　超视距驾驶员合格证的申请人应当具有操纵有动力的无人机至少 56 小时的飞行经历时间，其中包括 4.5.1 按照本规则 4.4 的飞行技能要求，对于多旋翼类别超视距驾驶员合格证申请人，由授权教员提供不少于 15 小时带飞训练，不少于 5 小时单飞训练，计入驾驶员飞行经历的飞行模拟训练时间不多于 28 小时；

4.5.2　按照本规则 4.4 的飞行技能要求，对于除多旋翼类别外其他类别超视距驾驶员合格证申请人，由授权教员提供不少于 20 小时带飞训练，不少于 6 小时单飞训练，计入驾驶员飞行经历的飞行模拟训练时间不多于 12 小时。

4.6　超视距驾驶员合格证持有人的权利和限制

超视距驾驶员持有人可以在合格证载明的范围内行使权利，是无人机系统运行的最终负责人。

5. 教员等级

5.1　适用范围

本章规定了颁发教员等级的条件以及持有人的权限和应当遵守的一般运行规则。

5.2　资格要求

符合下列条件的申请人,办公室可以为其颁发教员等级合格证:

5.2.1　年满 18 周岁;

5.2.2　无犯罪记录;

5.2.3　具有高中或者高中以上文化程度;

5.2.4　持有与所申请教员等级合格证相同类别级别的超视距驾驶员合格证;

5.2.5　完成了本规则 5.3 要求的知识训练,并由提供训练或者评审其自学情况的授权教员在训练记录上签字,证明该申请人可以参加规定的理论考试;

5.2.6　通过了本规则 5.3 要求的理论考试;

5.2.7　完成了本规则 5.4 要求的相应无人机等级的飞行教学能力训练,并由提供训练的授权教员在其飞行经历记录本上签字,证明该申请人可以参加规定的实践考试;

5.2.8　在申请实践考试之前,满足本章中适用于所申请无人机等级的飞行经历要求;

5.2.9　通过了本规则 5.4 要求飞行技能的实践考试;

5.2.10　符合本规则对所申请无人机类别和级别等级的相应条款要求。

5.3　知识要求

教员等级申请人应当接受并记录了由授权教员提供的下列地面教学原理训练:

5.3.1　教学技巧;

5.3.2　学习过程;

5.3.3　对地面教学科目中学员表现的评定;

5.3.4　有效教学的基本要素;

5.3.5　对学员的评价、提问和考试;

5.3.6　课程研制开发;

5.3.7　制定授课计划;

5.3.8　课堂教学技巧;

5.3.9　训练设备的使用,包括使用飞行模拟训练装置;

5.3.10　分析、纠正学员错误;

5.3.11　与飞行教员有关的人的行为能力,包括威胁和差错管理的原则;

5.3.12　模拟无人机系统失效和故障情况下的应急处理方法。

5.4　飞行教学要求

5.4.1　针对基础、经验和能力水平各不相同的学员,准备和实施授课计划;

5.4.2　评价学员的飞行完成情况;

5.4.3　飞行前指导和飞行后讲评;

5.4.4　教员责任和出具签字证明的程序;

5.4.5　正确分析和纠正学员的常见飞行偏差;

5.4.6　完成并分析与所申请教员等级相应的标准飞行训练程序与动作。

5.5　教员的飞行经历及训练要求

教员等级合格证申请人应具有 100 小时操纵其申请的类别及级别等级航空器并担任超

视距驾驶员的飞行经历时间。教员等级合格证申请人应接受不低于 20 小时实践飞行训练。

5.6　教员等级合格证持有人的权利和限制教员等级合格证持有人在其所持驾驶员合格证级别的限制内,可以分别提供本规则颁发的合格证所要求的地面和飞行训练。在按本规则颁发的驾驶员合格证申请人的飞行经历记录本上签字,证明该申请人已准备好参加本规则要求的理论及实践考试。

6. 其他规定

6.1　考试作弊行为的处罚

对于出现违反办公室制定的按照本规则组织的考试中禁止行为的合格证申请人,由办公室予以警告,申请人自该行为被发现之日起一年内不得申请驾驶员合格证及相关考试。

对于出现违反办公室制定的按照本规则组织的考试中禁止行为的合格证持有人,由办公室予以警告同时责令当事人立即停止飞行运行并交回其已取得的驾驶员合格证,驾驶员合格证被撤销之日起三年内,当事人不得申请驾驶员合格证及考试。

6.2　提供虚假材料的处罚

对于按照本规则 2.1 提供材料并申请合格证或等级的申请人,如出现提供虚假材料,由办公室予以警告,申请人一年内不得申请驾驶员合格证及相关考试;对于违反本条规定的合格证持有人予以警告,同时责令当事人立即停止飞行运行并交回其已取得的驾驶员合格证,驾驶员合格证被撤销之日起三年内,当事人不得申请驾驶员合格证及考试。

6.3　受到刑事处罚后合格证的处理

本规则合格证持有人受到刑事处罚期间,不得行使所持合格证赋予的权利。

附件 1　民用无人机驾驶员实践考试标准

1. 目的

自驾驶员资质管理工作正式实施以来,我国的民用无人机驾驶员的人员资质管理工作有序地进行,对保证飞行安全、促进无人驾驶航空事业的发展起到了积极的作用。为了规范民用无人机驾驶员合格证申请人的实践考试,无人机管理办公室制定了按照《民用无人机驾驶员合格审定规则》颁发合格证或等级所要求的实践考试标准。

2. 适用范围与生效日期

本须知适用于所有按照《民用无人机驾驶员合格审定规则》颁发无人机驾驶员合格证的申请人和对上述申请人实施培训的培训单位,实践考试应按照最新颁布的实践考试标准来实施。

3. 实践考试标准

3.1　实践飞行考试标准

3.1.1　固定翼

3.1.1.1　视距内驾驶员

固定翼视距内驾驶员实践考试可使用姿态模式(飞控内回路参与控制)

科目 a:起飞(轮式/弹射/手抛等);

科目 b:在第 3 边模拟发动机失效,模拟接地高度小于 5 m;

科目 c:降落或定区域回收。

3.1.1.2 超视距驾驶员(原机长)

固定翼超视距驾驶员实践考试可使用姿态模式(飞控内回路参与控制)

科目 a:起飞(轮式/弹射/手抛等);

科目 b:水平 8 字:左右两圆直径 50 m;

科目 c:在第 3 边模拟发动机失效,模拟接地高度小于 5 m;

科目 d:降落或定区域回收。

3.1.1.3 教员

固定翼教员实践考试仅可使用手动模式。

科目 a:起飞(仅轮式);

科目 b:水平八字:左右两圆直径 50 m;

科目 c:在第 3 边模拟发动机失效,模拟接地高度小于 5 m;

科目 d:定区域降落。

3.1.2 直升机

3.1.2.1 视距内驾驶员

直升机视距内驾驶员实践考试可使用 GPS 模式(飞控内、外回路均参与控制)

科目 a:悬停;

科目 b:慢速水平 360°;

科目 c:水平 8 字:左右两圆直径 6 m;

科目 d:定点降落。

3.1.2.2 超视距驾驶员(原机长)

直升机超视距驾驶员实践考试可使用增稳模式(飞控仅内回路参与控制,飞控不能执行定点功能)

科目 a:悬停;

科目 b:慢速水平 360°;

科目 c:水平 8 字:左右两圆直径 6 m;

科目 d:定点降落。

3.1.2.3 教员

直升机教员实践考试仅可使用手动模式(飞控内、外回路均不参与控制);

科目 a:悬停;

科目 b:慢速水平 360°;

科目 c:后退水平 8 字:左右两圆直径 6 m;

科目 d:定点降落。

3.1.3 多旋翼

3.1.3.1 视距内驾驶员

多旋翼视距内驾驶员实践考试可使用 GPS 模式(飞控内、外回路均参与控制)

科目 a:悬停;

科目 b:慢速水平 360°;

科目 c:水平 8 字:左右两圆直径 6 m;

科目 d:定点降落。

3.1.3.2　超视距驾驶员(原机长)

多旋翼超视距驾驶员实践考试可使用增稳模式(飞控仅内回路参与控制,飞控不能执行定点功能)

科目 a:悬停;

科目 b:慢速水平 360°;

科目 c:水平 8 字:左右两圆直径 6 m;

科目 d:定点降落。

3.1.3.3　教员

多旋翼教员实践考试可使用增稳模式(飞控仅内回路参与控制,飞控不能执行定点与定高)(如适用);

科目 a:悬停;

科目 b:慢速水平 360°;

科目 c:后退水平 8 字:左右两圆直径 6 m;

科目 d:定点降落。

3.1.4　垂直起降固定翼

3.1.4.1　视距内驾驶员

科目 a:定点自动起飞;

科目 b:规划起落航线及水平八字航线,并完成航线飞行科目;

科目 c:定点自动降落。

3.1.4.2　超视距驾驶员(原机长)

科目 a:起飞前检查;

科目 b:定点自动起飞;

科目 c:规划起落航线及水平八字航线,并完成航线飞行科目;

科目 d:临时更改航点位置、飞行高度并执行;

科目 e:定点降落。

3.1.4.3　教员

科目 a:执行起飞中断程序;

科目 b:执行航线飞行中断程序并应急返航;

科目 c:模拟航线飞行过程中自主控制失效,切换遥控器操纵模式手动返航并定点降落。

3.1.5　植保直升机

植保直升机视距内驾驶员实践考试可使用 GPS 模式(飞控内、外回路均参与控制)

科目 a:起飞;

科目 b:悬停;

科目 c:耕地航线;

科目 d:定点降落。

3.1.6　植保多旋翼

植保多旋翼视距内驾驶员实践考试可使用 GPS 模式(飞控内、外回路均参与控制)

科目 a:起飞;

科目 b:悬停;

科目 c:耕地航线;

科目 d:定点降落。

3.2　地面站考试标准

3.2.1　地面站考试设备和要求

地面站考试需申请人自行准备具备考试所需功能以及飞行态势记录功能的地面站设备。在实施考试时考试员检查设备的适用性,如因设备不符合要求或准备不充分导致考试无法进行,终止考试,申请人可申请缓考。

3.2.2　考试程序

地面站科目考试程序按照飞行活动组织实施的四个阶段进行,包括预先准备、飞行前准备、飞行实施和飞行后讲评。只有通过前阶段的考试后方可进入下一阶段的考试。

3.2.2.1　预先准备

预先准备阶段主要进行航线规划、标准操作程序与应急操作程序准备、飞行器系统检查三方面内容。这些工作可提前准备,必须在飞行前准备之前完成。考试员在飞行前准备阶段,检查 3.2.2.1 的完成情况,未完成不得进入下一阶段考试。

3.2.2.1.1　航线规划

考试员于飞行前准备阶段以前,依据表 1 中的航线形式要求公布本次需规划的任务航线(不多于 4 条),申请人可事先规划好任务航线,并检查航线的可实施性和安全性。航线的安全性包括但不限于满足空域要求、禁飞区要求和人口稠密区要求,规划的航线不能产生不安全的后果。

表 1　航线规划要求

起飞点确认	根据预先规划的航线,确认起飞点坐标		
航线装订	地图点选	相对坐标编辑	航线模板
航线形状	1.闭合多边形	2.多线段(≥4)非闭合航线	3.对地扫描航线　4.圆形航线
航线高度	要求根据考试场地情况进行高度补偿,航线应设置飞行器性能允许下的高度变化,变化幅度应目视观察可见		
航点属性	性能允许的高度及速度变化		
应急操作	设置应急返航点、位置信息丢失的处置程序		

3.2.2.1.2　标准操作程序(SOP)与应急操作程序准备

申请人应事先准备标准操作程序与应急操作程序。包括但不限于起飞、飞行中更改航线、降落、应急返航、应急降落等内容,形成纸质文件在飞行前准备阶段提交考试员审核。

3.2.2.1.3　飞行器系统检查

申请人应事先检查好考试所用无人机系统状态。包括但不限于结构、动力、电池、螺旋桨、自动驾驶仪、数据链路的完整性等,形成纸质检查单,在飞行前准备阶段提交考试员检查。

3.2.2.2　飞行前准备(6分钟)

本阶段从任务检查开始到完成航线检查和装订结束,需在6分钟之内完成。

3.2.2.2.1　任务检查

申请人向考试员介绍飞行任务说明、空域场务、气象获取与分析、飞行人员编配等内容。

3.2.2.2.2　状态检查

检查确认飞行器、地面站及链路工作状态是否能正常完成本次任务。

3.2.2.2.3　航线检查

由实践考试员为申请人选取1条考试任务航线。申请人依据考试员指令选取空域、位置、方向装订并调整航线,考试员可指挥申请人在3.2.2.1.1表1中的范围内对上传的航线进行修改并检查航线。如满足要求则可进入飞行实施阶段。

3.2.2.3　飞行实施(6分钟)

飞行实施阶段包括从起飞到着陆的全部过程,申请人需按3.2.2.3.1和3.2.2.3.2的程序操作,本阶段需在6分钟内完成。

3.2.2.3.1　正常操作程序

a. 自动起飞,按规划航线执行飞行任务;

b. 在地面控制站监控仪表,正确识别飞行数据、飞行的正常或故障状态;

c. 修改航线并执行,按考试员指令要求在操作时间限制内修改航线;修改航线按下列三者选一:

① 30秒内单一航点变高;

② 60秒内单一航点的增减或位置变更;

③ 30秒内修改平飞速度。

3.2.2.3.2　应急操作程序

a. 按考试员指令要求在地面站进行应急返航操作,要求操作时间不多于15秒;

b. 模拟位置信息丢失,仅参照地面站显示的航空器航向、姿态和速度信息,以姿态模式遥控操纵无人机应急返航。需要满足以下要求:

① 考试员遮挡航迹或飞机位置信息,指令学员返航操作;

② 学员应操纵无人机应急返航,在切换姿态模式开始的30秒内归航航向与直线归航航线角误差应不超过±45°;

③ 参照地面站显示的姿态、航迹、航向、高度等信息,保持航线高度±5米以内超视距

飞行；

④ 由考试员恢复航迹或位置显示,学员在保障安全的条件下遥控无人机返回本场范围,根据考试员口令切换操纵模式进行降落。

3.2.2.4　飞行后讲评

飞行实施完成后,所有学员应参与飞行后讲评,通过的学员简述本次飞行任务的执行过程,每人时间不超过 30 秒。未通过的学员应简述执行过程中出现的问题,每人时间不超过 60 秒。最后由考试员进行综合讲评,完成地面站考试全部内容。

4. 实践考试的实施

实践考试应由无人机管理办公室委任代表依据《民用无人机驾驶员实践考试须知》组织实施。

5. 文件的获取

须知中所述考试时间与地点安排及考试工作单均公布于驾驶员管理平台网站,网址为 http://uav.aopa.org.cn/。

附件 2　民用无人机驾驶员理论考试须知

1. 目的

为保证民用无人机驾驶员合格证理论培训和考试规范有序进行,特下发本须知。

2. 适用范围

本须知适用于所有按照《民用无人机驾驶员合格审定规则》颁发无人机驾驶员合格证的申请人和对上述申请人实施理论培训的训练机构。

3. 理论考试大纲

理论考试大纲
无人机驾驶员理论考试大纲(固定翼)
无人机驾驶员理论考试大纲(直升机)
无人机驾驶员理论考试大纲(多旋翼)
无人机教员理论大纲

4. 理论考试一般程序

理论考试应由协会指定的监考员主持,考试时间与地点安排将定期于无人机驾驶员合格证管理平台网站予以公布。

5. 理论考试申请人应当符合的要求

5.1　理论考试申请人必须接受并记录无人机航空知识教学人员提供的地面训练,为理论考试申请人实施理论培训的训练机构须:

(1)于开展培训工作前一个月 20 日之前于民用无人机驾驶员合格证管理平台(以下简

称:管理平台)提交培训计划,出现特殊情况如考试点报名人数≤50人,则考试安排另行通知;

(2)于考试日期前至少5个日历日,由训练机构按照办公室要求在管理平台上录入考试人员信息并为其提交考试申请。

5.2 理论考试前,申请人须出示本人的居民身份证、公安部门出具的带照片的户籍证明或本人已经获得的无人机驾驶员合格证,并携带:

(1)申请人本人身份证复印件;

(2)训练机构提供的训练结业证明;

(3)申请人本人的小二寸、近期、白底、免冠、正面半身证件照。

5.3 训练机构向协会提供的所有申请人信息须准确无误,因信息有误对考试工作造成的影响由训练机构自行承担。

5.4 对于尚未获得驾驶员合格证的人员,其参加理论考试时出示的身份证明须与其日后申请无人机驾驶员合格证时所持身份证明号码相符,否则其成绩不予承认。

5.5 对于申请补考的申请人,还要求申请人出示上一次理论考试成绩单,成绩单下方须有训练机构盖章和具有相应等级教员的签注证明该申请人针对上次理论考试未通过的航空知识内容接受了必要的补充训练,具备通过理论考试的能力。补考日期与上一次同科目考试日期间隔最少为28个日历日。

6.理论考试科目和通过成绩

考试名称	考试大纲	时限	题目数量	通过分数	
民用无人机驾驶员理论考试	无人机驾驶员理论考试大纲	120分钟	100	视距内驾驶员	60
				超视距驾驶员	80
民用无人机驾驶员教员等级理论考试	无人机教员理论大纲	60分钟	40	80	

7.理论考试中禁止的行为

7.1 在理论考试过程中申请人不得有以下行为:

7.1.1 以任何形式复制或保存考试试题;

7.1.2 交给其他申请人或从其他申请人那里得到考试试题的任一部分或其复印件或扫描件;

7.1.3 帮助他人或者接受他人的帮助;

7.1.4 代替他人或由他人代替参加部分或全部理论考试;

7.1.5 在考试过程中使用未经监考员批准的材料或其他辅助物品;

7.1.6 破坏考场设施;

7.1.7 故意引起、助长或者参与本条禁止的行为。

7.2　对理论考试中作弊或其他禁止的行为的处罚：

7.2.1　对于违反 7.1 规定的申请人予以警告,申请人自该行为被发现之日起一年内不得申请驾驶员合格证及相关考试;

7.2.2　对于违反 7.1 规定的合格证持有人予以警告,同时责令当事人立即停止飞行运行并交回其已取得的驾驶员合格证,驾驶员合格证被撤销之日起三年内,当事人不得申请驾驶员合格证及考试。

附件 3　民用无人机驾驶员实践考试须知

1. 目的

根据《民用无人机驾驶员管理规定》(AC-61-FS-2016-20R1)要求,为规范民用无人机驾驶员实践考试规范有序进行,特下发本须知。

2. 适用范围

本须知适用于所有按照 CCAR-61 部及 AC-61-FS-2016-20R1 颁发无人机驾驶员合格证的申请人及实施实践考试的委任代表。

3. 实践考试标准

委任代表应依据《民用无人机驾驶员实践考试标准》及实践考试一般程序执行实践考试,并填写《驾驶员实践考试工作单》。

4. 实践考试一般程序

实践考试应由无人机管理办公室委任代表主持,考试时间与地点安排于无人机驾驶员合格证管理平台网站予以公布。

5. 实践考试申请人应当符合的要求

5.1　符合颁发所申请的无人机驾驶员合格证的年龄限制;

5.2　在接受实践考试前 24 个日历月内已通过了必需的理论考试,并提交协会给予的理论考试成绩单的复印件;

5.3　申请人已经完成了必需的训练并取得了必需的飞行经历,于考试日期前至少 5 个日历日,由训练机构在管理平台上提交了考试申请,报至协会工作人员处;

5.4　具有授权教员在其飞行经历记录本上的签字,证明该申请人已满足所申请合格证的飞行经历要求,且该授权教员在申请日期之前的 60 天内,已对申请人进行了准备实践考试的飞行教学,并且认为该申请人有能力通过考试;

5.5　实践考试成绩有效期自综合问答通过之日起,至 60 个日历日后止,申请人应在该有效期内通过实践考试;(如有效期内未通过实践考试,则实践考试所有科目成绩无效,需重新参加实践考试。)

5.6　实践考试申请人已填写了现行的实践考试工作单,并签字确认;

5.7　实践考试前,申请人须出示本人的居民身份证、公安部门出具的带照片的户籍证明或本人已经获得的无人机驾驶员合格证;

5.8　对于申请补考的申请人,除须满足以上要求外,还要求申请人携带上一次实践考试工作单,实践考试工作单下方须有训练机构盖章和具有相应等级教员的签注证明该申请人针对上次实践考试未通过的内容接受了必要的补充训练,具备能力通过实践考试。实践考试补考日期与上一次相同等级要求的实践考试日期间隔最少为 14 个日历日。

6. 文件的获取

须知中《驾驶员实践考试工作单》等文件及所述考试时间与地点安排均公布于无人机驾驶员管理平台网站,网址为 http://uav.aopa.org.cn/。

附件 4 民用无人机驾驶员飞行经历记录本填写规范

1. 目的

为规范民用无人机驾驶员训练工作规范有序进行,依据《民用无人机驾驶员合格审定规则》及民航相关飞行经历记录本的要求,特下发本规范。

2. 适用范围

本规范适用于所有按照 AC-61-FS-2016-20R1 颁发无人机驾驶员合格证的持有人及申请人。民用无人机驾驶员适用的飞行经历记录本为通用版本的飞行经历记录本。

3. 个人信息

驾驶员须按照各项目要求如实填入个人信息,并签名保证所填内容属实。

4. 训练时间和航空经历

4.1 民用无人机驾驶员合格证申请人或持有人应以无人机管理办公室可接受的方式将训练时间和航空经历如实地记录在飞行经历记录本中,用于满足合格证要求的训练时间和航空经历。

4.2 驾驶员飞行经历记录本上填写的每次飞行或者课程记录应当包括以下内容:

4.2.1 日期;

4.2.2 航空器型号;

4.2.3 航空器的起飞和着陆地点、模拟机设备所处地点;

4.2.4 航空器的起飞和着陆时间、模拟机所模拟的起飞和着陆时间;

4.2.5 飞行种类:训练飞行时填写"训练",通用飞行填写"通用";

4.2.6 着陆次数:填写出发时刻与到达时刻之间总的着陆次数;

4.2.7 依据飞行经历不同将具体飞行经历时间填入以下的一项时间项目中:

(i)机长时间:驾驶已取得相应等级驾驶员合格证的民用无人机,作为唯一操纵者的飞行时间或担任机长的飞行时间;

(ii)副驾驶时间:驾驶已取得相应等级驾驶员合格证的民用无人机,担任驾驶员的飞行时间;

(iii)单飞时间:训练机构学员的驾驶员作为民用无人机唯一操纵者的飞行时间;

(iv)带飞时间:由教员带飞、接受实践飞行训练的时间;

(v)模拟机时间:用模拟机进行的飞行时间;

(vi)教员时间:作为教员参加飞行的时间;

（ⅶ）机长/教员签字：飞行种类为"通用"须填入机长的亲笔签名。飞行种类为"训练"须填入教员的亲笔签名并由提供实践飞行训练的训练机构盖章确认；

4.3　累计栏，仅为飞行经历记录本本列项目的累计：

① 本页总计，为本页面数据的累计；

② 累计，为本飞行经历记录本本列项目数据的累计。

4.4　本人签名及日期保证所填内容属实。

5.签注规范

民用无人机驾驶员签注规范见附件一。合格证申请人须下载打印粘贴于飞行记录本相应签注页以满足申请合格证的条件。

6.附则

无人机驾驶员飞行经历记录目前已实现电子化，依据《轻小无人机运行规定（试行）》接入无人机云系统的民用无人机驾驶员合格证申请人及持有人，飞行经历记录本填写内容须与无人机云系统电子飞行经历记录相一致。

驾驶员飞行经历记录本要求按本规范填写并妥善保存，禁止填入任何欺骗性的或者虚假的内容。对于违反本条规定的合格证申请人予以警告，申请人一年内不得申请驾驶员合格证及相关考试；对于违反本条规定的合格证持有人予以警告，同时责令当事人立即停止飞行运行并交回其已取得的驾驶员合格证，驾驶员合格证被撤销之日起三年内，当事人不得申请驾驶员合格证及考试。

附件5　民用无人机驾驶员职业教育培训中心合格审定规则

1.总则

1.1　目的和依据

为了规范民用无人机驾驶员职业教育培训中心的合格审定和管理工作，根据《中华人民共和国民用航空法》《民用无人机驾驶员合格审定规则（ZD-BGS-010R5）》制定本规则。

1.2　适用范围

1.2.1　本规则规定了颁发民用无人机驾驶员职业教育培训中心（以下简称：驾驶员职培中心）合格证和相关课程等级的条件和程序，以及驾驶员职培中心合格证和相关课程等级的持有人应当遵守的相应运行规则。

1.2.2　中华人民共和国境内合法成立与运行的中高等职业教育机构按照本规则取得驾驶员职培中心合格证以设立的驾驶员职培中心，可以按照本规则进行民用无人机驾驶员职业教育培训。

1.3　合格审定和持续监督

1.3.1　中国航空器拥有者及驾驶员协会（中国 AOPA，AOPA-China）（以下简称：协会）对无人机驾驶员职培中心实施统一监督管理，颁发民用无人机（以下简称：无人机）驾驶员职培中心合格证。

1.3.2　协会设立无人机管理职能部门：无人机管理办公室（以下简称：办公室）依据本

规则组织指导驾驶员职培中心的合格审定和持续监督,制定必要的审定工作程序,规定驾驶员职培中心合格证及其相关申请书的统一格式,发放驾驶员职培中心合格证。

1.3.3　办公室及其派出机构负责对驾驶员职培中心的培训实施持续监督检查。

1.4　颁发驾驶员职培中心合格证的条件

对于符合下列条件的申请人,办公室可以为其颁发附带训练规范的驾驶员职培中心合格证:

1.4.1　按照规定的格式和内容递交驾驶员职培中心合格证申请书;

1.4.2　符合本规则 1 至 3 中适用于所申请的驾驶员职培中心课程等级的要求,并遵守本规则 5 和 6 的规定;

1.4.3　除初次申请驾驶员职培中心合格证以外,在提出申请之日前 12 个日历月内,职培中心应已经对其学员完成训练并经其推荐参加合格证和等级考试的人员总人数不得少于 30 人并且其中至少 20 人考试合格取得相应合格证和等级。

1.4.4　持续符合职业教育机构有关运行的相关法律法规要求。

1.5　委托考试

对于符合本规则 4 中要求的驾驶员职培中心合格证持有人,根据具体情况办公室可以委托其在授权范围内实施考试。

1.6　驾驶员职培中心训练规范和课程等级

1.6.1　对于符合本规则 1.4 要求的驾驶员职培中心合格证申请人,办公室可以认可满足下列条件的训练规范:

(1)训练规范仅在驾驶员职培中心合格证有效期内有效;

(2)训练规范应包括本规则 1.9 规定的相关内容;

(3)训练规范应作为驾驶员职培中心合格证持有人按本规则实施训练的主要依据。当训练规范的内容发生任何变化时,驾驶员职培中心合格证持有人应提前 30 天向办公室提出申请,并就修改内容提供 1.7 及 1.9 要求的资料文件,得到认可后,方可按照新的训练规范实施相应的训练。

1.6.2　本条款中所列的课程等级,经符合本规则 1.4 要求的驾驶员职培中心合格证申请人批准,并列入训练规范。

1.6.3　办公室可以按照合格审定的实际情况,认可申请人开设下列一种或者数种课程,可就职培中心具体情况对其课程做出任何限制条件:

面向按照《民用无人机驾驶员合格审定规则》的合格证和等级课程:

(1)类别等级

(ⅰ)固定翼;

(ⅱ)直升机;

(ⅲ)多旋翼;

(ⅳ)飞艇;

(ⅴ)自转旋翼机;

（ⅵ）倾转旋翼机；

（ⅶ）其他。

（2）级别等级

（ⅰ）Ⅶ；

（ⅱ）Ⅲ；

（ⅲ）Ⅳ；

（ⅳ）Ⅴ；

（ⅴ）Ⅺ；

（ⅵ）Ⅻ。

（3）驾驶员等级

视距内驾驶员合格证课程。

1.7　申请、受理、审查和决定

1.7.1　申请人初次申请驾驶员职培中心合格证,申请在训练规范中增加/更改/删减课程等级或者申请更新驾驶员职培中心合格证,应当按照规定的格式向办公室提交申请书。

1.7.2　申请人应当提交至少包括下列内容的训练大纲、训练规范或者相应的文件：

（1）中高等职业教育机构及驾驶员职培中心合法设立的证明文件；

（2）驾驶员职培中心的组织职能结构；

（3）本规则 2.1 规定的人员的资格和职责；

（4）拟申请的训练课程大纲,包括有关材料；

（5）训练区域、讲评区域、地面训练设施设备的说明；

（6）训练程序和管理政策,包括安全程序与措施、质量保证系统；

（7）训练等相关记录；

（8）训练规范。

1.7.3　申请的受理

办公室在收到申请后检查申请材料,申请材料不齐全或者不符合规定格式的,应当在 10个工作日内书面通知申请人需要补正的全部内容。申请人按照办公室的通知提交全部补正材料的,办公室应当受理。办公室受理或者不予受理申请,应当按照规定的格式书面通知申请人；对不受理的,还应当一并说明理由。

1.7.4　成立审查组审核文件并实施现场验证和检查

办公室受理申请后,应当在 5 个工作日内成立审查组。审查组依据本规则 2、3 和 5、6的要求审查申请人的申请材料,并实施现场验证和检查。申请人应当及时回答审查组提出的问题,并提供必要的证明材料。

1.7.5　发证

（1）审查组完成合格审定工作后,应当向办公室提出书面报告。办公室应当在 20 个工作日内作出决定,并在 10 个工作日内向符合本规则 1.4 要求的申请人发放驾驶员职培中心合格证,批准其按照所规定的课程等级实施训练活动。

（2）根据审查组的报告，办公室认为申请人不符合本规则 1.4 要求的，可以拒绝为其发放驾驶员职培中心合格证。办公室在做出前述决定的同时，应当告知申请人享有申请复议的权利。

1.8　合格证的内容

驾驶员职培中心临时合格证或者驾驶员职培中心合格证应当列明下列内容：

（1）驾驶员职培中心名称；

（2）驾驶员职培中心训练基地、驾驶员职培中心地址；

（3）合格证编号；

（4）合格证首次颁发日期；

（5）合格证更新日期；

（6）合格证期满日期；

（7）颁发合格证的机关名称；

（8）训练课程。

1.9　训练规范的内容

1.9.1　驾驶员职培中心合格证持有人的训练规范应当列明下列内容：

（1）管理人员、飞行教员和其他指定人员及人员运行限制情况；

（2）无人机和训练设施或设备及满足《运行规定》的情况；

（3）训练基地、训练场地和场地设备；

（4）课程等级、手册和训练记录；

（5）教室和教学设备；

（6）限制汇总、豁免和偏离。

1.9.2　对于驾驶员职培中心合格证持有人的训练规范，还应当包括是否被委托考试以及被委托考试的课程等级。

1.10　合格证和委托考试的有效期

1.10.1　除驾驶员职培中心合格证持有人自愿放弃或者办公室吊扣、吊销其合格证的情况外，驾驶员职培合格证在下列时间或者在出现下列情形之一时失效：

（1）合格证有效期为 3 年，在其期满日期之后不符合 1.15 要求颁发合格证的；

（2）除 1.10.2 规定的情形外，在驾驶员职培中心的所有权发生变更之日；

（3）颁发合格证时作为合格审定内容的职培中心名称、训练种类、职培中心地址、训练基地未按照本规则要求发生变更之日；

（4）办公室依据 1.12 进行检查且结论为不合格，或认定该合格证持有人经认可的任何一门训练课程所必需的设施与设备、航空器和人员未能达到本规则的要求超过 60 天时。

1.10.2　如果驾驶员职培中心在其所有权发生变更之日后的 30 天之内提出了对驾驶员职培中心合格证作相应更改的申请，且在设施与设备、人员和训练课程方面没有任何变化，则经办公室认可，其驾驶员职培中心临时合格证或者合格证不因职培中心所有权改变而失效。

1.10.3　驾驶员职培中心合格证持有人所接受的委托考试的权利,在其合格证失效时同时失效,或者在驾驶员职培中心合格证持有人自愿放弃被委托或者办公室撤销其委托时失效。

1.11　麻醉药品、大麻以及抑制药物或者兴奋药剂的载运

1.11.1　除经法律许可或者经国家有关机关批准外,驾驶员职培中心合格证持有人不得在已知无人机上载有国家法律禁止运输的麻醉药品、大麻、抑制药物或者兴奋药剂或物质的情况下,在中华人民共和国境内运行该无人机。

1.11.2　如果驾驶员职培中心合格证持有人在明知违反1.11.1的情况下,允许其拥有或者租用的任何无人机从事违反1.11.1的训练,该种训练即构成依法吊扣或者吊销其合格证的行为。

1.12　合格证的展示

1.12.1　驾驶员职培中心合格证持有人应当将合格证展示在培训中心的醒目位置。

1.12.2　在办公室要求检查时,驾驶员职培中心合格证持有人应当将合格证提供检查。

1.13　检查

驾驶员职培中心合格证持有人应当接受办公室为确定其是否持续符合本规则而对其人员、设施、设备和记录等相关于教学培训、训练及考试进行的检查,并如实提供检查所需材料及信息。

1.14　广告限制

1.14.1　驾驶员职培中心合格证持有人不得对合格证或者认可的课程等级作任何不真实的、导致误解的宣传广告。

1.14.2　驾驶员职培中心合格证持有人在进行宣传广告时,应当指明其哪些课程是按照本规则得到认可的,哪些课程未按照本规则得到认可,而不得对这些训练课程进行有可能误导公众的合并宣传。

1.14.3　驾驶员职培中心合格证持有人在地址搬迁后,应当立即撤除原址上表明本职业教育机构已经办公室审定合格的所有标志;在合格证失效时,应当及时从所有地方清除表明本职业教育机构已经办公室审定合格的所有标志。

1.15　业务办公室和训练基地

1.15.1　驾驶员职培中心合格证持有人应当建立并维持一个业务办公室,该办公室的通信地址即为合格证上注明的职培中心地址。业务办公室应当与训练基地同处于同一职业教育机构。

1.15.2　业务办公室内应当配备充足的设施和设备,用于保存开展业务所必需的文件和记录。

1.15.3　两个或者两个以上的驾驶员职培中心不得共用一个业务办公室。

1.15.4　如需变更业务办公室或者训练基地的地点,应当提前30天向办公室提交书面报告,并且在需要修改其经认可的训练课程时,同时提交修订的训练课程。

1.15.5　如果符合下列要求,驾驶员职培中心合格证持有人可以在其合格证上所列的

训练基地之外的基地实施训练：

（1）驾驶员职培中心经办公室检查，认可其使用该基地；

（2）在该基地使用的训练课程及其修订项目已经得到办公室认可。

1.16　合格证和训练规范的更新

更新驾驶员职培中心合格证的申请、受理和审查程序除应当符合本规则1.7的有关规定外，还应当符合下列要求：

1.16.1　如经办公室认定，该职培中心的人员、无人机、设施与设备和机场（临时起降点）、经认可的训练课程、训练记录和当前的训练能力和质量符合本规则的要求，在其合格证到期的月份之前30天内提交合格证和训练规范的更新申请，则可以为其更新合格证和训练规范。新合格证的有效期仍为3年。

1.16.2　如经办公室认为该职培中心没有符合1.3颁发合格证的要求，驾驶员职培中心合格证和训练规范不能进行更新，只可重新申请合格审定。

1.17　限制和行政措施

当事人未按照本规则规定取得驾驶员职培中心合格证，不得从事本规则规定的无人机驾驶员职业教育活动。

2.人员、无人机和设施要求

2.1　适用范围

2.1.1　本章规定了驾驶员职培中心合格证的申请人应当符合的人员、无人机以及对所要求的设施与设备应当具有所有权或连续使用权的要求。

2.1.2　在本章中，如果驾驶员职培中心从初次申请合格证之日或者从申请更新合格证之日起，对设施与设备和训练基地具有至少6个日历月的所有权或按照书面协议的规定，对设施与设备和训练基地具有至少6个日历月的使用权，则认为该职培中心对设施与设备和训练基地具有连续使用权。

2.2　人员配备要求

2.2.1　驾驶员职培中心合格证的申请人应当按照下列要求配备人员：配备有充足的人员，包括持有合格证和相应等级的实践飞行训练教学人员、地面理论教学人员，有能力完成所指派的职责。

针对职培中心合格证持有人，训练基地应至少配备不少于两名教学人员（等同于授权教员）。

2.2.2　当职培中心具有至少100名正在接受训练的学生，配备3名及以上教学人员时，驾驶员职培中心合格证持有人应当指定至少一名教学组长，负责实施学生的阶段检查、课程结束考试前检查。

2.2.3　本条所涉及的人员可以在一个职培中心中担任两个或者两个以上的职位，但应当符合相应职位的资格要求。

2.3　教学组长的资格

2.3.1　教学组长应当持有现行有效的驾驶员合格证。其合格证中应当包括与课程中所用无人机的类别、级别相对应的类别、级别等级。

2.3.2　教学组长与学员有下列情形之一的,不得对该学员实施阶段检查和课程结束考试前检查:

(1)教学组长是该学员的主要教员;

(2)该学员是教学组长推荐参加阶段检查或课程结束考试的。

2.4　训练基地

2.4.1　驾驶员职培中心合格证的申请人应当证明其实施飞行训练所使用的训练基地都具有连续使用权。

2.4.2　用于训练的训练基地应当具有至少一条跑道或者起飞地带,满足机型训练。

2.4.3　具备符合课程等级要求的设施与设备。

2.4.4　一个训练基地不得同时被两个或者两个以上驾驶员职培中心使用。

2.5　无人机

驾驶员职培中心合格证申请人应当证明用于实践飞行训练每一架无人机符合下列条件:(如适用)

2.5.1　是在中国实名制登记的无人机。

2.5.2　具有临时适航证、特许适航证、单机适航证或标准适航证。但是根据其所批准的训练课程的性质,可以允许申请人使用不具有标准适航证的无人机。

2.5.3　每架无人机应当符合《运行规定》13.民用无人机运行的仪表、设备和标识要求。

2.6　驾驶员讲评区域

驾驶员职培中心合格证申请人应当证明对位于每个训练基地的讲评室具有连续使用权,该讲评区域应当符合下列要求:

(1)可以容纳正在等待参加飞行训练的所有学生;

(2)其布置和设备配置适合于实施飞行讲评;

(3)一个讲评区域不得同时被两个或者两个以上驾驶员职培中心使用。

2.7　地面训练设施

驾驶员职培中心合格证申请人的地面训练设施应当符合下列要求:

(1)用于教学的每间教室、训练室和其他空间在取暖、照明和通风等方面符合国家和当地政府关于建筑、卫生等方面的规定。

(2)训练设施的位置以及设施的运行应当可以保证受训人员不与其他房间实施的训练和训练基地内飞行和维修等活动产生干扰。

3.训练课程和课目

3.1　适用范围

本章规定了颁发驾驶员职培中心合格证与训练规范对训练课程和课目的要求。

3.2　训练课程认可程序的一般要求

3.2.1　驾驶员职培中心合格证申请人应当获得办公室对其拟开设的每门训练课程的认可。办公室受理、认可的程序应当符合本规则1.7.3、1.7.5款的规定。

3.2.2 初次申请或者申请修订训练课程的,申请人应当在计划实施该课程之日前至少30个工作日向办公室递交申请材料。申请修订训练课程的,还应当附上该训练课程修订页。

3.2.3 驾驶员职培中心合格证申请人向办公室申请认可的训练课程种类应当符合本规则 1.6 的规定。

3.3 训练课程内容

3.3.1 申请认可的每个训练课程应当符合本规则相应附件中规定的最低课目要求。

3.3.2 申请认可的每一训练课程应当符合本规则相应附件中规定的最低标准。

3.3.3 申请认可的每个训练课程应当包含下列内容:一份包括下列内容的训练大纲:

(1)参加该门训练课程学习的学员的进入条件,包括学历、身体健康条件等方面的要求;

(2)对每一课的详细说明,包括该课的目的、标准和完成该课程需要的时间;

(3)学生在本课程的学习中应当完成的训练内容;

(4)每个训练阶段预期的目标和标准;

(5)用于衡量学生每一阶段训练成绩的考试和检查的说明。

4.委托考试

4.1 适用范围

本章规定了驾驶员职培中心合格证持有人接受办公室委托考试需要符合的条件,以及权利和限制。

4.2 接受委托考试的资格要求

4.2.1 驾驶员职培中心合格证持有人应当符合下列要求,方可得到委托考试的初始批准:

(1)按照办公室规定的格式和方法提交委托考试的申请书;

(2)持有按照本规则颁发的驾驶员职培中心合格证和课程等级;

(3)申请人在申请委托考试当月之前,作为驾驶员职培中心合格证持有人对拟申请委托考试的课程等级已连续保持 3 年以上;

(4)在申请考试权之日前的 3 年内,该职培中心已经符合了下列要求:

(ⅰ)针对申请委托的训练课程,训练了 500 名以上学员,并已推荐这些学员参加驾驶员合格证或者等级的考试;

(ⅱ)在驾驶员合格证或者等级的理论考试及实践考试中,有⅘以上的学员考试合格。这些考试应当由办公室委任的考试员实施。

4.2.2 驾驶员职培中心合格证持有人应当符合下列要求,方可保持委托考试的持续有效:

(1)按照办公室规定的格式和方法提交考试权的更新申请;

(2)持有按照本规则颁发的驾驶员职培中心合格证和课程等级;

(3)申请人在申请更新考试权的月份之前,针对所对应的课程等级已连续被委托考试达 3 年以上。

4.3　权利

驾驶员职培中心可以依据办公室的授权,为完成被委托考试的训练课程的学员按照考试标准及程序实施考试,并为其向办公室申请获取驾驶员合格证和相应等级。

4.4　限制和报告

驾驶员职培中心只能推荐完成被委托考试的训练课程的学员,在不参加办公室组织的考试的情况下申请颁发驾驶员合格证和相应等级。推荐颁发合格证和等级应当符合下列要求:

4.4.1　所推荐的学员为该职培中心被委托考试的训练课程的结业学员;

4.4.2　所推荐的学员完成了经认可的训练课程中的所有课目要求;对于从按本规则批准的其他职培中心转入该职培中心的学员,如果符合下列要求,可以认为其完成了该职培中心经认可的训练课程中的所有课目:

(1)在原来职培中心所接受的实践飞行训练时间可以计入接收职培中心课目所要求的实践飞行训练时间,但最多不能超过课程所要求总实践飞行训练时间的一半;

(2)完成了由接收职培中心实施的航空知识考试和熟练考试,用以确定可承认的该学员的驾驶员经历和航空知识水平;

(3)接收职培中心根据 4.4.2(2)款所要求的考试确定的驾驶员经历和航空知识水平应当记录在该学员的训练记录中;

(4)申请确定其驾驶员经历和航空知识水平的学员的驾驶员经历和航空知识应当是从按本规则批准的驾驶员职培中心的按本规则认可的训练课程中获得的;

(5)接收的职培中心保存了一份学员在前一个受训职培中心所接受训练的记录。

4.4.3　被委托考试的驾驶员职培中心所实施的所有考试应当得到办公室的批准,并且在范围、深度和难度上至少应当与按照《民用无人机驾驶员合格审定规则》办公室组织进行的相应理论考试和实践考试相当。

4.4.4　在下列情况下,被委托考试驾驶员职培中心不得实施理论考试和实践考试:

(1)该职培中心了解到或者有理由相信考试内容已经泄露;

(2)该职培中心得到了办公室认为有理由相信或者已经知道考试存在泄密情况的通知;

(3)得到办公室因其他情况而导致不得实施理论考试和实践考试的通知。

4.4.5　被委托考试的驾驶员职培中心应当保存办公室对其所颁发的所有驾驶员合格证的记录,该记录应当包含下列信息:

(1)按照时间顺序记录的下列内容:

(ⅰ)学员的合格证签发日期

(ⅱ)学员姓名和该学员的永久通信地址和电话号码;

(ⅲ)该学员所完成的训练课程;

(ⅳ)实施理论考试和实践考试的人员姓名;

（ⅴ）颁发给该学员的合格证和等级。

（2）一份针对每个学员的结业证书、合格证申请表，以及理论和实践考试的成绩的复印件记录。

（3）本条所要求记录应当保存 5 年，并且能在办公室要求时提供给办公室检查。在驾驶员职培中心不再被委托考试时，将这些记录交给办公室。

4.4.6　在学员通过理论考试和实践考试后，被委托考试的驾驶员职培中心应当将该学员的有关合格证申请文件和训练记录提交给办公室，以便办公室为其颁发驾驶员合格证。

5. 训练规则

5.1　适用范围

本章规定了适用于驾驶员职培中心合格证持有人的训练规则。

5.2　权利

5.2.1　驾驶员职培中心合格证持有人可以在其所持有的合格证和课程等级的范围之内，进行广告宣传和实施经认可的驾驶员训练课程。

5.2.2　如果其训练课程得到了认可并且符合本规则规定的最低地面和飞行训练课程要求，则被委托该课程考试的驾驶员职培中心可以推荐该课程的结业学员在不参加办公室组织考试的情况下，申请获取相应的驾驶员合格证和等级。

5.3　无人机要求

在飞行训练和单飞中使用的每架无人机应当携带下列文件：

5.3.1　一份起飞前和着陆前检查单；

5.3.2　制造厂家提供的操作手册，或者给每个使用该无人机的学员配备的操作手册；

5.3.3　满足《轻小无人机运行规定》13.民用无人机运行的仪表、设备和标识要求的证明文件。

5.4　限制

驾驶员职培中心合格证持有人的受训学员应当符合下列要求，方可为其颁发结业证书并推荐其申请驾驶员合格证和等级：

（1）完成了驾驶员职培中心训练课程中规定的所有训练；

（2）职培中心同意推荐该学员参加为取得民用无人机驾驶员合格证的考试。

5.5　飞行训练

5.5.1　按照经认可的训练课程提供飞行训练的教学人员，应当持有相应类别与级别等级的驾驶员合格证，并且应当符合该训练课程中规定的最低资格要求，方可执行训练规范中的相应内容。

5.5.2　学生驾驶员首次单飞应当得到教学人员的批准，而且在其实施首次单飞时，该教学人员应在单飞的训练基地进行现场指导。

5.6　训练质量

5.6.1　驾驶员职培中心临时合格证和驾驶员职培中心合格证的持有人应当符合下列要求：

（1）按照经认可的训练课程进行训练；

（2）对于驾驶员职培中心合格证持有人，提供的训练质量应当符合《民用无人机驾驶员合格审定规则》的要求。

5.6.2　驾驶员职培中心合格证持有人应当保持本条5.6.1规定的训练质量。

5.6.3　驾驶员职培中心合格证的持有人应当在办公室要求时，接受办公室对其学员实施理论考试、实践考试、阶段检查和课程结束考试。

5.6.4　按照本条5.6.3的要求由办公室实施阶段检查或课程结束考试时，如果学员尚未完成该训练课程的训练，则这些检查或者考试将根据该职培中心经认可的训练课程中规定的标准进行。

5.6.5　按照本条5.6.3的要求由办公室理论考试或实践考试时，如果学员已经完成了该职培中心训练课程的训练，则将根据办公室认可的操作范围实施考试。

5.7　学员注册

5.7.1　在学员注册参加经认可的训练课程规定的训练后，驾驶员职培中心合格证持有人应当向学员提供下列文件和材料：

（1）注册证。内容包括学员所注册的训练课程名称和注册日期；

（2）训练大纲副本；

（3）由职培中心编写的、包括设施与设备的使用和无人机的操作在内的安全程序与措施相关手册副本，主要内容应当包括：

（ⅰ）职培中心要求的带飞和单飞最低天气标准；

（ⅱ）无人机的起动和滑行程序；

（ⅲ）防火措施和灭火程序；

（ⅳ）在训练基地外未按计划着陆后的应急程序；

（ⅴ）无人机的故障填写和批准重新投入使用的确定方式；

（ⅵ）无人机未使用时的安全保护；

（ⅶ）本场飞行和航线飞行所需燃油量（电量）；

（ⅷ）空中和地面避免与其他航空器相撞的措施；

（ⅸ）最低高度限制和模拟应急着陆规定；

（ⅹ）指定练习区域的规定与使用方法；

（ⅺ）无人机云系统使用说明。

5.7.2　驾驶员职培中心合格证持有人应当按月份建立并保存提供的每一训练课程中注册人员的清单。

5.8　结业证书

5.8.1　驾驶员职培中心合格证持有人应当向完成经认可的训练课程的每一学员颁发结业证书。

5.8.2　结业证书应当在学员完成其课程训练时颁发。结业证书至少应当包括下列内容：

（1）驾驶员职培中心名称和合格证编号；

（2）接受结业证书的学员姓名和结业证书编号；

（3）训练课程名称；

（4）结业日期；

（5）声明该学员已圆满完成经认可的训练课程的每一阶段训练,推荐其参加为取得民用无人机驾驶员合格证进行的理论与实践考试。

5.9　训练记录

5.9.1　驾驶员职培中心合格证持有人应当对注册于本职培中心经认可的训练课程的学员建立并保持及时准确的记录。该记录应当包括下列内容：

（1）学员入学注册日期；

（2）按时间顺序记录或按课程大纲顺序记录的该学员接受训练的课目的记录,以及该学员所参加考试的名称和成绩；

（3）结业日期、中止训练的日期或者转职培中心日期。

5.9.2　要求在学员飞行经历记录本中保持的记录,不能完全替代 5.9.1 的记录要求。

5.9.3　当学员结业、中止训练或者转职培中心时,该学员的记录应当由负责该课程的原职培中心证明。

5.9.4　驾驶员职培中心合格证持有人应当从下列日期开始,保存本条要求的每个学员的记录至少 5 年：

（1）记录中所记录的从该课程结业的日期；

（2）记录中所记录的中止该课程的日期；

（3）转职培中心日期。

5.9.5　驾驶员职培中心合格证持有人应当在学员提出要求时向学员提供其训练记录的复印件。

6.罚则

6.1　警告和处罚

6.1.1　驾驶员职培中心合格证持有人有下列行为之一的,由办公室责令停止违法行为,采取改正措施,并可以处以警告或者相应处罚：

（1）违反本规则条款规定,拒绝办公室的监督检查或者在监督检查过程中拒绝提供其临时合格证、合格证或手册和其他相关文件的；

（2）违反本规则规定,两个或者两个以上驾驶员职培中心共用一个主业务办公室或者同时使用一个训练基地的；

（3）违反本规则规定,实施训练未符合相关法律法规的；

（4）违反本规则规定,人员配备不符合要求或者使用不合格人员担任教学组长的；

（5）违反本规则规定,使用不符合要求的训练基地实施训练的；

（6）违反本规则规定,使用不符合规定要求的无人机和设施与设备实施训练的；

（7）违反本规则规定,未进行相关记录的；

（8）违反本规则规定，超越临时合格证、合格证课程等级实施训练的；

（9）违反本规则规定，使用未携带规定文件的无人机的。

6.1.2　驾驶员职培中心合格证持有人有本条 6.1.1（3）至（9）中所列行为之一的，所完成的训练经历和记录，办公室不予承认。

6.1.3　驾驶员职培中心相关人员未按训练规范履行训练职责，或者违反本规则其他规定，办公室可以对职培中心处以警告或者相应处罚。

6.1.4　按照本规则申请驾驶员职培中心合格证并处于合格审定过程中的申请人，存在弄虚作假行为的，办公室可以终止其合格审定过程并且在 1 年内不再受理该申请人的申请。

6.2　吊扣和吊销合格证

6.2.1　驾驶员职培中心合格证持有人有下列行为之一的，办公室可以依照规定，吊扣其临时合格证、合格证 1 至 6 个月或者吊销其相关合格证并且在 3 年内不再受理其申请。

（1）违反本规则规定以及相关法律法规，申请人以不正当方式取得驾驶员职培中心合格证的；

（2）违反本规则规定，非法载运违禁物品的；

（3）违反本规则规定，进行虚假广告宣传活动，情节严重的；

（4）违反本规则规定，使用未经认可的训练课程实施训练的；

（5）违反本规则规定，推荐未完成该职培中心经认可的训练课程的学员参加考试的；

（6）违反本规则规定，在不得实施考试的情形下实施考试的；

（7）违反本规则规定，为未完成认可的训练课程的学员颁发结业证书的；

（8）违反本规则规定，不能保证训练质量的；

（9）违反本规则规定，在培训、考试中存在弄虚作假行为的。

6.2.2　驾驶员职培中心合格证持有人有本条 6.2.1（4）所列行为的，所完成的训练经历和记录，办公室不予承认；有 6.2.1（5）或者（6）所列行为之一的，所进行的推荐和考试，办公室不予承认；有 6.2.1（7）所列行为的，所发的结业证书，办公室不予承认。

6.3　办公室及其工作人员的责任

办公室及其工作人员办理驾驶员职培中心合格证违反法律和本规则规定的，或者不依法履行本规则规定的监督职责造成严重后果的，应承担相应的责任。

习题参考答案

第 1 章习题答案

1.无人机可以分为超低空无人机、低空无人机、中空无人机、高空无人机和超高空无人机。超低空无人机任务高度一般在 0~100 m 之间,低空无人机任务高度一般在 100~1000 m 之间,中空无人机任务高度一般在 1000~7000 m 之间,高空无人机任务高度一般在 7000 ~18000 m 之间,超高空无人机任务高度一般大于 18000 m。

2.飞得高、看得远,飞得久,飞得快,载荷大。

3.(1)军用领域 (2)民用领域 (3)未来太空领域。

4.按飞行平台构架、用途、尺寸、活动半径,任务高度等方法进行分类。

第 2 章习题答案

1.飞行平台(固定翼、单旋翼、多旋翼)、GPS 飞控、喷洒机构。

2.优势一:植保无人机比传统喷药技术更安全。优势二:喷药植保无人机比传统喷药技术作业效率更高。优势三:喷药无人机比传统喷药技术更节省。

3.(1)续航能力及通信范围受限。(2)使用成本高。(3)安全性不足。

4.相比于一些大型的固定翼飞机,多旋翼无人机重量轻,体积小,机动性好,不需要专业跑道,在草坪和平地都能起降,非常适合地形复杂范围中的农作物农药喷雾作业。并且多旋翼无人机农业作业中,飞行速度、与农作物距离、喷洒高度等都可以根据农作物的需要进行灵活的调整。

第 3 章习题答案

1.(1)前端数据的获取;(2)对数据的处理及分析;(3)对数据结果的后续处理。

2.(1)受现有电池技术的限制;(2)通用无人机机载摄像系统不具备图像识别功能;(3)通用无人机地面 PC 端不具备数据处理系统功能;(4)通用无人机其他方面的局限。

3.基准站接收机架设在若干个已知坐标的输电线路杆塔上,连续接收所有可视 GPS 卫星信号,基准站将测站点坐标、伪距观测值、载波相位观测值、卫星跟踪状态和接收机工作状态等通过无线数据链发送给流动站(无人机),流动站(无人机)先将数据信息进行初始化,完成整周未知数的搜索求解后,进入动态作业。流动站(无人机)在接收来自基准站的数据时,同步观测采集 GPS 卫星载波相位数据,通过 GPS RTK 系统内差分处理求解载波相位整周模糊度,根据基准站和流动站(无人机)的空间相关性,在系统内组成差分观测值进行实时解算处理,得出流动站(无人机)厘米级精度的平面坐标 (x, y) 和高程 h。

第 4 章习题答案

1.FPV 是英文 first person view 的缩写,即第一视角,FPV 飞行器是一种基于小型穿梭无人机上加装无线摄像头回传设备,在地面看屏幕操控的新的拍摄方式,简称穿越机航拍。穿越机航拍是这一两年刚刚兴起的,常用挂载的摄影设备是 GOPRO,优点是飞行速度极快,所提供的高速感是多旋翼飞行器飞行完全无法比拟的。

2.以无人机为载体,通过云台系统挂载的摄影设备,利用图像传输系统将空中画面传输到地面,由地面驾驶人员,以及云台操作机师共同配合完成的空中镜头拍摄作业称之为无人机航拍。

3.(1)机动性强:多旋翼遥控飞机由于其体积相对较小,灵活轻便,任何地方都可以起降,适用于城市道路乡间小道以及室内等,还可以进入一些危险区域进行拍摄,比如说峭壁间和火山口等。这就可以让拍摄人员完全规避危险,避免因为意外造成人员伤亡。

(2)受场地限制小:在需要一些狭小地带的快速穿行航拍时,其他航拍手段都无法实现,而这恰恰是遥控飞行器航拍的最大优点,能拍摄出别具特色的视觉效果,比如说穿越大桥或者较大门洞,这样的画面在电影中会给人带来非常刺激的感觉。

(3)费用低:相对于其他航拍手段来说,无人机航拍费用是相对最低廉的。

(4)安全性能好:由于不需要拍摄人员在飞行过程中的参与,故大大提高了拍摄人员和"飞行员"的安全性,即使发生意外,最多也就是"机毁"而不会出现"人亡",并且随着技术的提高,在遥控飞行器上应用的技术也越来越先进,除非出现不可控的干扰,连坠毁的可能性都已经降低到非常小的程度。

第5章习题答案

1.居高临下,无人机可以鸟瞰整个安防区域的实时情况及人员有关活动,有利于安防区域安全的有效管控,并可以在出现特殊情况下及时指挥和正确疏导。

长留空,无人机的留空时间长,且空中飞行一般以直线飞行为主,不用考虑地面交通障碍。

高效率,无人机因为它的体积小、便捷性高的特点,所以在飞行前的地勤和机务准备时间短,可随时出动,而且出动的场地限制要求很低。

低风险,经过长时间的发展,目前无人机技术已经相对成熟。从生产配件的品控、研发设计到实际使用的飞控调试,都已经趋于完善。

以少替多,无人机在安防执法的过程中能够以较少的架数代替较多的地面执法人员完成同样的任务。

机动灵活,在安防执法中无人机既能够飞行在范围区域内各个交通路段和城市立交桥之上,又能穿行在高楼大厦之间。

治安防范,无人机在参与安防巡查时,既能对有关的突发性事件如交通肇事逃逸车辆紧追不舍进行取证,又能对肇事逃逸者实时地发出相应的警告。

数据可查,面对大区域的安防执法工作,每天所要面对的各种各样的复杂情况更是数不胜数,而安防工作讲究的就有关数据要进行存档并做数据分析便于安全隐患的排查预防。

2.一是控制中心人员通过 VR 眼镜的 4K 高清视频呈现实时观看和与地面安防设备的同步联动,优势互补,最大化安防场景能力。

二是控制中心人员通过 VR 眼镜、PAD 等地面控制终端经由 5G 网络远程控制无人机机载摄像头的转向、无人机的飞行状态及路线,进一步追踪,锁定目标;

三是无人机对突发安防场景问题的预判以及自动识别的目标实现进行自动跟踪。通过智能无人机飞行平台以及 5G 蜂窝网络能力的有效引入,促进了传统安防产业像天地一体化协同作战的方向转型以及多场景安防能力的智慧升级，必将作为一种新型的安防解决方案模式得到更加广泛的应用，从而促进传统安防服务商的智慧升级，从而带动整个产业的发展。

3.无人机立体安防是指利用无人机等现代设备技术，通过远程监控、云端技术等现代软件技术，打破地理限制，形成空中、地面和水中全方位无死角的安防技术。

在云端的指挥下，无数的无人机全空间、全天候、全时段与保安人员协作，执行具体的安保任务，最后将执行任务的情况实时反馈给决策者，完成信息、决策、处理的三步循环。

4.无人机系统作为空中飞行平台，具备易操纵、灵活度高和环境适应能力强等优点，能够在监控巡逻、搜索跟踪、抢险救灾、消防救险等任务执行过程中发挥重要作用，可成为安防管理过程中提高快速反应能力的重要手段和构建安防信息化体系的重要组成部分，无人机可协助管理部门在空中巡逻、空中监测、空中勘探、空中应急救援等方面发挥重要的作用。

目前无人机安防的应用很广泛，数字城市、城市规划、国土资源调查、土地调查执法、矿产资源开发、森林防火监测、防汛抗旱、环境监测、边防监控、军事侦察和警情消防监控等行业，以及其他可以用到无人机作业的特种行业。

参 考 文 献

[1] FAHLSTROM P G,GLEASON T J.无人机系统导论[M].吴汉平,译.北京:电子工
业出版社,2003.

[2] 许春生.燃气涡轮发动机(ME-TA、TH)[M].北京:兵器工业出版社,2006.

[3] 王细洋.航空概论[M].北京:航空工业出版社,2006.

[4] 朱宝鎏.无人飞机空气动力学[M].北京:航空工业出版社,2006.

[5] 丑武胜,贾玉红,何宸光,等.空中机器人(固定翼)专项教育教材[M].哈尔滨:哈尔滨
工程大学出版社,2013.

[6] 刘让贤,晏初宏.航空概论[M].北京:航空工业出版社,2013.

[7] 任仁良,张铁纯.涡轮发动机飞机结构与系统(ME-TA)(下册)[M].北京:兵器工业出
版社,2014.

[8] 孙毅.无人机驾驶员航空知识手册[M].北京:中国民航出版社,2014.

[9] 鲍凯.玩转四轴飞行器[M].北京:清华大学出版社,2015.

[10] 鲁道夫·乔巴尔.玩转无人机[M].吴博,译.北京:人民邮电出版社,2015.

[11] ARAI K,AKAISI S,MIYAZAKI H,et al. Regressive analysis on leaf nitrogen
content and near infrared reflectance and its application for agricultural farm
monitoring with helicopter mounted near infrared camera[J]. International Journal
of Advanced Research in Artificial Intelligence,2013,2(3):38-42.

[12] BENDIG J,YU K,AASEN H,et al. Combining UAV-based plant height from crop
surface models, visible,and near infrared vegetation indices for biomass monitoring
in barley [J]. International Journal of Applied Earth Observation &
Geoinformation,2015,39:79-87.

[13] 杨贵军,李长春,于海洋,等.农用无人机多传感器遥感辅助小麦育种信息获取[J].
农业工程学报, 2015, 31(21):184-190.

[14] 杨琦,叶豪,黄凯,等.利用无人机影像构建作物表面模型估测甘蔗LAI[J].农业工
程学报,2017,33(8):104-111.

[15] 赵希萌.无人机在现代农业工程中的应用[J].科技创新与应用,2016(36):291.

[16] 兰玉彬.无人机的农业应用[J].紫光阁,2017(1):86.